柔性直流输电系统稳态潮流建模与仿真

韦延方　郑　征　王晓卫　著

科学出版社
北　京

内 容 简 介

本书重点阐述了柔性直流输电系统稳态潮流建模及其数值仿真相关技术，针对模块化多电平换流器，提出了基于排序建模法的电容电压平衡稳定控制策略；基于同电位点可以短接的等效电路原理，建立了柔性直流输电稳态方程，提出了一种适用于柔性直流输电系统的统一迭代潮流求解算法，该算法适合推广到含多端和多馈入的交直流混合系统；基于保留非线性方法，提出了一种自动生成交直流系统方程雅可比矩阵的改进算法，以提高潮流程序的开发和计算效率；通过对含负荷参数的潮流方程的确定，建立了含柔性直流输电的交直流混合系统静态电压稳定分析模型；对修改后的IEEE节点算例系统进行相关的潮流与电压稳定仿真分析，以验证本书模型和算法的有效性。

本书可作为电气工程专业高年级本科生、研究生的教材，也可供相关科研人员和工程技术人员参考。

图书在版编目(CIP)数据

柔性直流输电系统稳态潮流建模与仿真/韦延方，郑征，王晓卫著. —北京：科学出版社，2015.11

ISBN 978-7-03-045765-3

Ⅰ. ①柔… Ⅱ. ①韦… ②郑… ③王… Ⅲ. ①直流输电－系统建模②直流输电－系统仿真 Ⅳ. ①TM721.1

中国版本图书馆CIP数据核字(2015)第225181号

责任编辑：陈 静 / 责任校对：桂伟利

责任印制：苏铁锁 / 封面设计：迷底书装

科学出版社 出版

北京东黄城根北街16号

邮政编码：100717

http://www.sciencep.com

北京凌奇印刷有限责任公司 印刷

科学出版社发行 各地新华书店经销

*

2015年11月第 一 版 开本：720×1000 1/16

2019年 1 月第五次印刷 印张：9

字数：230 000

POD定价： 48.00元

前　言

目前，高压直流（High Voltage Direct Current，HVDC）输电技术在世界范围内正处于高速发展时期。我国南方电网和华东电网已经形成交直流混联的大规模电力系统。伴随着能源紧缺、环境问题和可再生资源的持续开发，HVDC 输电应用将更为广泛，将进一步促使我国发展形成世界上结构最为复杂的交直流混合电网。

基于电压源换流器（Voltage Source Converter，VSC）和脉宽调制技术的电压源换流器型高压直流（Voltage Source Converter based HVDC，VSC-HVDC）输电技术是当今世界电力电子技术应用领域的制高点，能有效提高电能质量并确保电网安全稳定运行，是智能电网发展中具有代表性的关键技术之一。截至目前，用于 HVDC 的 VSC 基本为 2 电平或 3 电平的换流器，此结构本身存在的一些缺陷限制了其在工程中的进一步应用。为此，一种新型的模块化多电平换流器（Modular Multilevel Converter，MMC）得到了越来越多的关注和研究。与 VSC-HVDC 相比，基于 MMC 的 HVDC（MMC-HVDC）系统在减少开关损耗、容量升级、电磁兼容、故障管理等方面具有明显的优势。

本书总结了柔性直流输电在国内外的研究进展和工程应用现状、稳态潮流建模与仿真等，研究结果为柔性直流输电的稳态建模、算法优化和数值仿真提供了一定的理论基础。本书共 7 章。第 1 章主要阐述了 MMC-HVDC 目前的研究进展与应用概况，并分析了 MMC-HVDC 的不足之处和今后亟待研究的关键问题；第 2 章分析了含模块化多电平换流器的交直流系统运行机理、控制方式和等效模型等内容；第 3 章提出了基于排序建模法的电容电压平衡稳定控制策略，以实现对 MMC 电容电压的平衡控制；第 4 章基于同电位点可以短接的等效电路原理，建立了柔性直流输电稳态方程，提出了一种适用于柔性直流输电系统的统一迭代潮流求解算法；第 5 章基于极坐标系下的保留非线性方法，提出了一种自动生成交直流输电系统方程雅可比矩阵的改进算法；第 6 章基于统一迭代法的连续潮流模型，通过对含负荷参数的潮流方程的确定，建立了含柔性直流输电的交直流混合系统静态电压稳定分析模型；第 7 章给出了本书算例系统所采用的具体参数。

本书由河南理工大学电气工程与自动化学院的韦延方（第 1 章～第 3 章、第 6 章），郑征（负责全书的统筹安排和统稿工作）和王晓卫（第 4 章～第 5 章、第 7 章）共同撰写。本书的撰写工作得到了河南理工大学电气工程与自动化学院领导的大力支持，在此表示感谢。

本书的研究工作得到了国家自然科学基金项目（61340015、U1204506、61403127）、河南省科技厅国际联合基金项目（144300510014）、河南省教育厅科学技术研究重点项目（14A470001）、河南省高等学校控制工程重点学科开放实验室项目（KG2014-04）、河南理工大学基本科研业务费专项项目（NSFRF140117）、江苏省博士后科研资助计划项目(1501058B)、河南理工大学博士基金（B2014-023）、河南理工大学“特色专业提升行动计划”项目(电气工程及其自动化)的支持，特此致谢。本书的出版得到了河南理工大学电气工程与自动化学院的资助和支持，谨在此表示感谢。书中参考了大量的文献资料，尽力对所引用的文献在每章后的参考文献中列出，但是难免有所遗漏，特别是一些被反复引用、很难查实原始出处的参考文献，在此向被遗漏参考文献的作者表示歉意，并向本书所引用的参考文献的作者表示由衷的谢意。

限于作者的水平和经验，书中难免有疏漏之处，欢迎广大读者批评指正。

作　者

2015 年 7 月

目　录

第1章 绪　　论

1.1 引　　言

目前，我国电力系统已从区域性电网过渡到全国性互联电网。众所周知，我国地域辽阔，能源分布和负荷发展极不均衡，其中60%的煤炭资源集中在山西平朔、陕西神户和内蒙古西部地区，72%的水力资源集中在西南地区，如金沙江、岷江、雅鲁藏布江和怒江等河流，而负荷中心却集中在北京、广东和上海等东部沿海城市，其电能消费约占全国的 50%以上。因此，一边是守着优越条件“望水兴叹”、“望煤兴叹”，而另一边是为缺电而苦恼，提出实施“西电东送”这一伟大工程无疑为解决矛盾提供了可能。西电东送工程为把西部资源优势转化为经济优势提供了新的历史机遇，对加快我国能源结构调整和东部地区发展将发挥极其重要的作用[1-6]。

根据我国有关部门规划，西电东送将主要由北、中、南三大输电通道构成。北线是将黄河上游的水电和山西、内蒙古坑口火电送往华北电网京津唐地区；中线是将三峡和金沙江干支流水电输向华东电网；南线是将贵州乌江、云南澜沧江和桂滇黔三省交界处的南盘江、北盘江、红水河的水电以及黔滇两省的坑口火电向华南输送。预计截止到2030年，距离超过1000km的西电东送容量中，北线为19.8GW，中线为51.3GW，南线为29.3GW，三大通道总输送容量为100GW[3]。

因此，在西电东送工程中，如何解决远距离大容量输电已成为不可避免的现实问题。目前可行的技术方案有特高压交流输电技术和高压直流（High Voltage Direct Current，HVDC）输电技术。在特定的条件下，HVDC系统与交流输电系统相比，在技术和经济上具有一定的优势，主要表现在以下几个方面[1-6]：

（1）与输送相同功率的交流线路相比，HVDC的直流输电线路造价更低，传输效率更高，且所需输电走廊较小；

（2）HVDC输电方式的功率和能量的损耗较小；

（3）HVDC输电线本身不存在交流输电系统自身固有的稳定问题，输送距离和功率也不受电力系统同步运行稳定性的限制；

（4）线路稳态运行时没有电容电流，没有电抗压降，沿线电压分布较平稳，线路本身无需无功功率补偿；

（5）可以实现交流系统间的非同步相连；

（6）交流系统经由HVDC相连时，短路容量没有增加；

（7）利用 HVDC 的快速调节性能可提高交流系统的稳定性，并可隔离故障；

（8）潮流和功率控制更为容易等。

此外，由于常规能源的紧张和环境的日益严峻问题，可再生能源的开发和利用受到前所未有的重视，与之相适应的分布式发电（Distributed Generation，DG）技术因此得到快速发展。大电网与 DG 相结合被世界许多能源、电力专家公认为是能够节省投资、降低能耗和提高电力系统可靠性和灵活性的主要方式，是 21 世纪电力工业的发展方向[4]。HVDC 输电技术是 DG 大规模接入电网系统的关键技术之一，其将电力电子技术与现代控制技术相结合，通过对电力系统参数的连续调节控制，从而可以大幅降低输电损耗、提高输电线路输电能力和保证电力系统稳定水平。因此，HVDC 输电在 DG 领域有着巨大的应用潜力，将会带来巨大的经济效益和社会效益。

与传统交流输电系统相比，交直流混合系统具有较大的输送容量和更为灵活的运行方式。多条直流联络线的引入，提高了整个系统的可控程度，但同时也带来一些特殊问题：交直流系统间、直流子系统间相互影响，且各直流控制系统结构和参数存在差异，从而使交直流系统安全稳定性问题更加突出，对电网稳定运行和控制提出了更高的要求。传统 HVDC 采用晶闸管换流设备，只能控制导通角，需反向电压以实现关断，可能出现的换相失败故障，已成为系统安全运行的一大威胁；而换流过程需要消耗大量无功功率，更对其接入的交流系统的电压稳定性提出了严峻挑战[7-9]。

随着新型电力电子器件和现代控制技术的快速发展，采用电压源换流器（Voltage Source Converter，VSC）和脉宽调制（Pulse Width Modulation，PWM）技术的电压源换流器型高压直流（VSC-HVDC）输电系统已经投入运行。VSC-HVDC 可对交直流系统交流母线无功功率进行动态补偿，从而可为受端系统提供良好的电压支撑，有利于防止系统中晶闸管换相失败，并有助于在故障后快速恢复直流功率。自 1997 年世界上首个 VSC-HVDC 试验工程成功投运以来，VSC-HVDC 凭借其独特的技术优势，一直吸引着国内外众多学者和工程研究人员的高度关注[10，11]。目前，国内外已有数十项 VSC-HVDC 的工程应用，VSC-HVDC 在向无源网络供电、新能源并网和城市供电等领域具有广阔的应用前景[11]。

目前已投运的 VSC-HVDC 工程的换流器基本是由 2 电平或 3 电平等拓扑组成的，此种结构的拓扑已经获得了广泛的应用，但其本身存在着一些缺陷，用于 HVDC 工程时有诸多不足之处。例如，绝缘栅双极型晶体管（Insulated Gate Bipolar Transistor，IGBT）串联所带来的静态、动态均压和电磁干扰，以及受电平数的限制，2 电平或 3 电平换流器拓扑输出特性较差；2 电平或 3 电平的 VSC 多采用 PWM 调制，器件开关频率高，开关损耗较大；2 电平或 3 电平的 VSC 拓扑用于高压领域时，因受单个开关器件耐压的限制，仍然免不了使用开关器件的直接串联，对各器件开通和关断的一致性、串联器件的均压特性等要求较高，一定程度上限制了其在 HVDC 工程中的进一步应用。以在风电场的应用为例，已有研究表明[12，13]，尽管 VSC-HVDC 性能优良、运行灵活，但因其损耗较高、换流器容量限制等缺陷，使得其在较大型风电场并网中的应用不是一个最优的方案，传统的 HVDC 效果优于 VSC-HVDC。若采用基于多电平拓扑的 VSC 构成换流器，则可弥补上述 2 电平或 3 电平的某些缺陷，并且从动态特性和谐波影响等方面考虑出发，采用多电平拓扑的 VSC 更具有优势。

常见的多电平换流器有二极管箝位型、飞跨电容型和级联 H 桥型，其中二极管箝位型、飞跨电容型在 VSC 输出电平数较多时，所需的悬浮电容将急剧增加，给系统控制及设备装配带来较大的困难，并且因受 VSC 电平数目的限制，输出特性差、难以模块化生产；而级联 H 桥型需要的独立直流电源较多，不易实现四象限运行，对于有功功率传输的场合，需要大量额外的独立直流电源，增加了工程应用的成本，并且其拓扑中不存在公共的直流正、负极母线，不适合用于直流输电领域[11，14-16]。

为此，德国慕尼黑联邦国防军大学的学者 Marquardt R 在 2001 年提出了模块化多电平换流器（Modular Multilevel Converter，MMC）拓扑[17]，并研制了 2MW、17 电平的试验样机。MMC 将电容与开关器件视为一个整体来构建子模块，该拓扑无需器件直接串联，通过子模块串联提升换流器的电压及功率等级，易于扩展到任意电平输出，具有较低的谐波畸变，且可采用较低的开关频率，从而降低了损耗，提高了效率；并且，MMC 的模块化结构使其可扩展性强，容易实现冗余控制。因而，MMC 在无功补偿、有源滤波器、电机拖动、电力牵引、直流输电等领域具有广阔的应用前景[18-22]；并且，MMC 可提供一个公共直流侧，更易实现背靠背的连接，因此适合用于 VSC-HVDC 输电领域。

与 VSC-HVDC 相比，基于 MMC 的 VSC-HVDC 系统在减少开关损耗、容量升级、电磁兼容、故障管理等方面具有明显的优势[18，23-25]。目前，世界上已有 4 项投入运行的基于 MMC 的 VSC-HVDC 实际工程：美国旧金山市（San Francisco）的 TBC（Trans Bay Cable）工程、我国上海的南汇风电场柔性直流输电示范工程、广东南澳 ±160kV 多端柔性直流输电示范工程和浙江舟山多端柔性直流输电示范工程。2010 年 11 月，世界上首个基于 MMC 的 VSC-HVDC 工程——TBC 工程在美国旧金山市北部投入运行[26]。我国的上海南汇风电场示范工程是我国第一个基于 MMC 的 VSC-HVDC 工程，于 2011 年 7 月 25 日正式投入运行[27]。目前，由于基于 MMC 的 VSC-HVDC 技术尚处于起步阶段，其基础理论和工程应用等相关问题仍需要作进一步的研究。针对基于 MMC 的 VSC-HVDC 交直流电力系统这一新的电网模式，将系统稳定性问题和分布式电源、系统互联的发展结合考虑，并根据近年来 VSC-HVDC 技术的日趋成熟、实用输送容量的快速增长这一事实，对含有基于 MMC 的 VSC-HVDC 交直流混合电力系统的潮流及其稳定性开展探索研究，具有重要的理论和现实意义。

1.2 HVDC 输电系统概况

直流输电是以直流电的方式进行电能传送。电力系统中发电和用电设备绝大部分都是交流电，因此直流输电的基本工作原理是通过换流装置将送端交流电转换成直流电（称之为整流），将直流电传送到受端换流装置，然后在受端将直流电转换成交流电（称之为逆变），最后将电能传输到受端系统中去。进行交直流转换的场所，称之为换流站。本书将进行整流的场所称为整流站，进行逆变的场所称为逆变站。两端直流输电系统主要由整流站、逆变站和直流输电线路三部分组成。两端直流输电系统通常具有双向直流送电功能，即具有有功功率反送功能，在此情况下，任一侧的换流站既可作为整流站运行，也可以作为逆变站运行。因此，对于同一高压直流输电工程而言，两侧换流站的设备种类、设备数量甚至设备布置方式几乎完全一样，仅仅在于少数设备的台数和容量有所差别。其中，换流器是换流站中最重要的电气一次设备，除此之外，为了满足交、直流系统对于安全稳定和电能质量的要求，换流站中还装设有以下设备：换流变压器、平波电抗器、滤波器、无功补偿装置、控制保护系统、接地极线路、接地极、远程通信系统等[28, 29]。

根据换流站的数目，直流输电系统可以分为两端直流输电系统和多端直流输电系统，其中，两端直流输电系统只有两个换流站，与交流系统有两个连接端口，是结构最简单的直流输电系统；具有三个或三个以上的换流站的直流输电系统为多端直流输电系统，它与交流系统有三个或三个以上的连接端口[30-32]。目前，世界上已经投入运行的直流输电工程大部分为两端直流输电系统，根据工程特点和运行需要，主要分为直流单极输电系统、直流双极输电系统和背靠背直流输电系统三种类型，只有为数不多的多端直流输电系统处于试验运行阶段。因此，本章在此主要介绍两端直流输电系统的分类及其基本概念。

1）直流单极输电系统

直流单极输电系统[28]根据回流方式不同，分为单极大地（海水）回线和单极金属回线两种接线方式。前者利用大地或海水作为返回通路，直流输电线路只需要一根极导线，因此这种方式可以大大降低直流输电工程的造价，但是接地极对地下铺设物、通信线路及磁性罗盘均会造成一定的影响和危害。

单极金属回线方式由一根高压极导线和一根低压极导线组成，这种接线方式显然在经济上不是最合理的，但是它往往作为直流双极输电系统的一期工程。

2）直流双极输电系统

直流双极输电系统[28]又可分为两端中性点接地方式、单端中性点接地方式和中性线方式。两端中性点接地方式相当于两个单极大地（海水）回线方式。当双极对称运行时，理想情况下，正负两极导线的电流大小相等，方向相反，接地极无电流。实际运行中，由于换流变压器阻抗和触发角等因素，两极导线的电流不是完全相等的，会造成接地极有不平衡电流流过，可以通过调节控制两极的触发角，使其小于额定直流电流的 1%。当任意一极输电线路或换流阀发生故障退出运行时，仍可以单极大地（海水）回线方式运行，承担输送 50%的电能。由此可见，这种方式很大程度上提高了直流输电的可靠性和可用率。目前投入运行的直流输电工程较多采用这种运行方式。

单端中性点接地方式只将某一端换流站的中性点接地，流过接地极的电流为正负两极导线的电流之差。这种方式发生单极故障时，系统就无法运行。中性线方式是将两端换流站中性点通过中性线相连，并且接地。正常运行时，不平衡电流通过中性线流通，减小了接地极电流。任一极发生故障时，以单极金属回线方式运行，输送50%的电力。由于采用了三根导线组成输电系统，因此其线路造价较高，结构较复杂，通常是当地中不允许流过直流电流或接地极选址困难时才采用。

3）背靠背直流输电系统

背靠背直流输电系统[28]是指没有直流输电线路的两端直流系统，其整流站和逆变站均装设在同一个换流站内。它的主要作用是实现非同步交流系统互联，承担两系统之间的电力交换任务，相当于系统间的联络线。采用背靠背直流输电的主要特点有：换流站设备相应减少，结构简单，造价比常规换流站的造价低15%～20%；由于没有直流输电线路，直流回路的电阻和电抗均很小，相应的换流站的损耗很小；同时又不需要远程通信传递信号，没有通信延时，因此其控制系统的响应速度快，直流侧的故障率低。正是由于以上优点，近年来背靠背直流输电工程发展很快，已经在投入运行和正常建设的直流输电工程中占30%左右。

1.2.1　HVDC的原理和技术特点

HVDC是指以直流形式输送电能的方式，通过整流站将交流电能转换为直流电能，再经逆变站将直流电能变换为交流电能，实现电力的输送和系统互联。两端HVDC系统的基本拓扑构成如图1-1所示，主要包括换流站（整流站/逆变站）、直流输电线、滤波装置、整流装置、换流变压器、控制和保护装置等[28-30]。

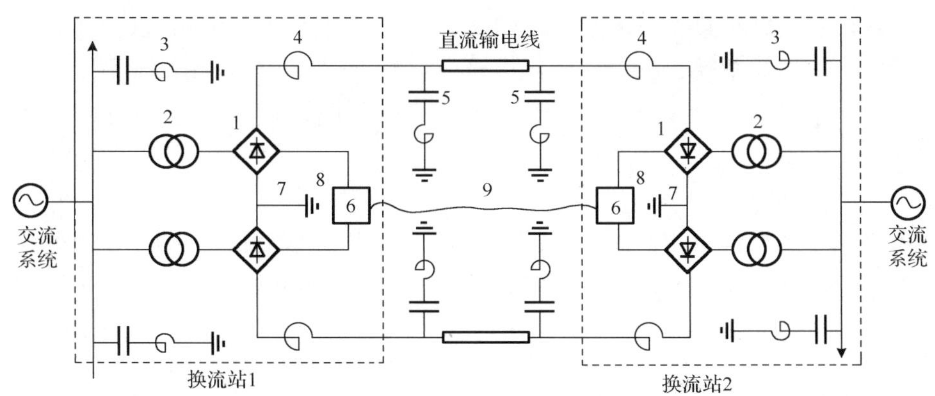

图1-1　直流输电系统的基本构成

图中，1为换流器，2为换流变压器，3为交流滤波器，4为平波电抗器，5为直流滤波器，6为控制保护系统，7为接地极引线，8为接地极，9为远程通信系统，各个部分的功能如下。

1）换流器

换流器的功能是实现交流-直流或直流-交流的变换。其中，工作在将交流电转变为直流电的状态时，换流器处于整流状态；工作在将直流电转变为交流电状态时，换流器处于逆变状态。组成换流器的基本器件为各种电力电子器件。早期的换流器采用汞弧阀器件，20 世纪 70 年代以后采用半控型的晶闸管，近年来全控型的门极关断晶闸管和绝缘栅双极型晶体管逐步应用于直流输电系统换流器中。

同时，在直流输电系统中，换流器不仅具有整流和逆变功能，还具有开关功能。在交、直流系统故障以及故障后的恢复过程中，通过对换流器的快速控制，可以有效地保护交、直流输电系统，提高系统运行的稳定性和安全性。

2）换流变压器

换流变压器可实现交、直流系统之间的电压匹配和电气隔离，并且可以抑制直流故障电流和削弱交流系统入侵直流系统的过电压。换流变压器可以采用三相三绕组式、三相双绕组式、单相双绕组式和单相三绕组式四种结构。对于中小型直流输电工程，宜优先考虑采用三相三绕组式换流变压器，这是因为这种结构的变压器是接线布置最简单、材料用量最省、占地空间最小、空载损耗最小的。对于大型直流输电工程，在运输条件允许时，宜采用单相三绕组式换流变压器。由于换流变压器与产生大量谐波的非线性设备——换流器相连，所以换流变压器与普通电力变压器的设计、制造和运行均有所不同，主要表现在：短路阻抗大、绝缘要求高、噪声大、损耗高、有载调压范围宽、直流偏磁严重等方面。

3）平波电抗器

平波电抗器安装于直流输电线路出口，与直流滤波器一起共同构成换流站直流谐波滤波电路，从而减少直流电流纹波。同时，它还可以防止线路冲击波进入换流器，防止轻载时直流电流断续，减少逆变器换相失败的概率等。平波电抗器有干式和油浸式两种形式，其电感通常为 0.27～1.5H（针对直流架空线路）或 12～200mH（针对直流电缆线路）。

4）无功补偿装置

由电力电子器件构成的换流器运行伴随着无功功率的消耗。一般来说，基于晶闸管的整流器和逆变器吸收的无功功率分别为所传输的直流功率的 30%～50%和 40%～60%。如此巨大的无功功率如果全部由交流电网提供，势必会造成交流输电线路线损大幅度增加和交流母线电压大幅度降低，最终影响换流站设备的正常运行。因此，换流站设备所需的无功功率采取就地平衡的无功补偿原则。目前，已有换流站的无功补偿装置主要有以下三大类。

（1）机械投切的电容器和电抗器。

（2）静止无功补偿装置（Static Var Compensator，SVC）。当机械投切的电容器或电抗器无功补偿容量不足或受端电网系统较薄弱时，此时可以考虑安装 SVC。

（3）调相机。当受端系统的容量相对于直流输电系统而言太弱时，即短路比（Short Circuit Ratio，SCR）小于或等于3时，逆变器很容易受交流系统扰动的影响而发生换相失败故障，此时宜装设调相机进行无功补偿。

5）交流和直流滤波器

各种换流器在运行时会产生一系列谐波，为了满足系统对于电能质量的要求，需要在两侧分别装设交流滤波器和直流滤波器，用来抑制换流引起的谐波电流。交流滤波器与直流滤波器有很多相似之处，但也存在一些重要差别，表现在以下几个方面。

（1）交流滤波器还要承担向换流站提供无功功率的作用，因此设计时通常将其无功功率容量设计成大于滤波特性所要求的无功功率容量，而直流滤波器则无此设计要求。

（2）由于交直流电路的特性不同，交流滤波器高压电容器上的电压可以认为是均匀分布在各个串联的电容器上。对于直流滤波器高压电容器而言，由于直流泄漏电阻的存在，直流电压将不再是均匀分布。因此，直流滤波器的电容器单元内部装设并联均压电阻。

（3）与交流滤波器相连的交流系统存在线路投切、故障等运行状态，因此其等值阻抗变化范围较大。为了防止交流滤波器与系统发生并联谐振，交流滤波器通常采用高通的双调谐滤波器。换流器直流侧的阻抗一般来说都是恒定不变的，因此直流滤波器一般不带有高通性。

6）控制保护系统

直流输电可以方便、灵活、快速、准确地对输送的有功功率的大小和方向进行控制，以满足交直流混合系统的稳定运行要求。也就是说，直流输电系统的性能，极大地依赖于它的控制保护系统。高压直流输电的控制保护系统，主要完成以下功能。

（1）直流输电系统的正常起停控制。

（2）直流输送功率的大小和方向的控制。

（3）抑制换流器不正常运行及对所连交流系统的干扰。

（4）对直流输电的各种运行参数，如电流、电压以及控制系统本身的信息进行监视。

（5）系统发生故障时，保护设备。

7）接地极和接地极引线

直流输电系统往往利用大地（海水）作为廉价或低损耗回路，因此换流站还需要加装接地极和接地极引线。直流接地极引线是将直流电流引入大地的线路。接地极的作用是钳制中性点电位和为直流电流提供返回通路。换流站的接地极不同于通常的安全接地，设计时需要考虑强大的直流电流长时间流过接地极所产生的电磁效应、热力效应和电化效应。

综上所述，由于HVDC输电没有功角稳定等问题，且具有直流功率调节快捷、运行可靠性强等特点，所以在世界范围内获得了广泛的应用。但是，尽管HVDC在技术上有诸多优点，然而同交流系统相比，其自身也存在一些缺点，这些缺点在一定程度上限制了其进一步的发展：

（1）换流站设备多、结构复杂、一次造价费用较高；

（2）换流站正常运行时需消耗大量的无功功率，一般占其输送功率的一半左右；

（3）整流器和逆变器在正常运行时会产生谐波，需额外装设滤波装置；

（4）HVDC 换流站的正常运行控制复杂等。

随着能源紧缺和环境污染日益严峻，以高度分散为特点的可再生能源联网使得灵活、经济、环保的 HVDC 输电线路越来越多的馈入已有的交流系统中，使得交直流系统间的交互作用变得复杂，从而不可避免的出现一系列亟待深入开展的技术问题，诸如实用的潮流计算、换流站交流母线的电压稳定性等。

1.2.2 HVDC 的发展

HVDC 输电的发展从换流器演变的角度来看，可以分为：汞弧阀换流时期、晶闸管阀换流时期、全控型器件换流时期。在 HVDC 输电的发展历程中，其输电类型主要有以下几种：

（1）两端直流输电，主要用于长距离大容量输电；

（2）多端直流输电，其灵活性较强；

（3）背靠背直流输电，主要用于异步联网、非同步联网；

（4）VSC-HVDC 输电，换流站基于全控型器件（GTO、IGBT 等）组成。

要采用直流输电，必须要解决换流问题。因此，直流输电的发展与换流技术的发展密不可分。从换流器发展的角度来看，直流输电的发展可以分为以下几个阶段[28]。

1. 汞弧阀换流时期

汞弧阀是通过汞蒸气的电离而实现单向通电的。最早于 1901 年发明的汞弧整流管只能用于整流，而不能进行逆变。1928 年，具有栅极控制功能的汞弧阀研制成功，它不但可用于整流，同时还解决了逆变问题。1939 年，瑞典通用电机（ASEA）公司的 Lamm U 博士发明了具有单相阀结构的分级电极系统，同早期的汞弧阀相比，它为更大峰值反向电压奠定了基础，从而使大功率直流输电成为可能[33]。以下为以汞弧阀为基础的高压直流输电工程。

1）瑞典—果特兰岛线路（1954 年）

1954 年，ASEA 公司在瑞典本土与果特兰岛之间建成一条长约 96km 的海底直流输电电缆，传输容量为 20MW，电压等级为 100kV，此线路是世界上第一条工业化直流输电线路。

2）英吉利海峡工程（1961 年）

长约 64km 的海底直流输电电缆是用来互联英国和法国的，传输容量为 160MW，电压等级为 ±100kV。

3）伏尔加格勒—顿巴斯工程（1962—1965年）

输电距离为470km，传输容量为720MW，电压等级为±400kV，线路额定电流为900A，这是第一条直流架空输电线路，并可用来增强原有交流系统的稳定性。

4）康梯—斯堪系统（1965年）

这是瑞典与丹麦之间的互联工程，部分为架空线（95km）、部分为海底电缆（85km）的250MW/250kV直流输电线路。

5）新西兰系统（1965年）

部分为海底电缆（39km）、部分为架空线（570km）的600MW、±250kV直流输电线路，用来将南岛的剩余水电输送到北岛。

6）佐久间互联（1965年）

用于日本50Hz交流系统与60Hz交流系统之间的互联，交换功率为300MW，电压等级为±125kV。

7）撒丁岛—意大利工程（1967年）

由于线路经过撒丁岛、海、科西嘉、海和意大利本土，该输电线路交替采用架空线路与海底电缆，其中架空线路292km、海底电缆121km，传输功率为200MW，电压等级为200kV。

8）太平洋联络线工程（1970年）

与以上几个直流输电工程有所不同，太平洋直流联络线与两条500kV交流线路并联运行，增加了原有交流系统的阻尼，可以抑制其低频振荡。该工程线路总长1362km，北起俄勒冈州的塞里罗，南至加利福尼亚州的希尔玛，采用双极±400kV方式，传输功率为1440MW。太平洋联络线工程作为世界上第一个超高压交直流并联输电系统，它的研究成果以及在建设运行过程中取得的经验，具有重要的实用价值。

9）金斯诺思系统（1974年）

线路连接英国的金斯诺思—贝丁顿—威尔士顿，传输功率为640MW，电压等级为±266kV，该三端直流系统主要作用是为了在不增加短路容量的情况下，增加原有交流系统的稳定性。

10）加拿大尼尔逊河—双极I期工程（1973—1977年）

该工程负责将大量水电输送到负荷中心Winnipeg，输电距离为895km，额定容量为1620MW，扩建后最终容量为6500MW，采用了最大的汞弧阀（1500kV，800A），同时也是最后一个采用汞弧阀换流的直流工程。

由于汞弧阀在运行过程中会发生逆弧、熄弧等故障；并且阳极和阴极对温度要求不同，使得温度控制较复杂；同时需要安装真空装置和特殊的阀厅等辅助设施，从而导致其价格昂贵、运行维护不便、可靠性较低，使得直流输电的发展一度受到限制。

2. 晶闸管阀换流时期

随着电力电子技术和微电子技术的快速发展，1957 年美国通用电气公司开发出世界上第一个晶闸管产品，并于 1958 年使其商业化。晶闸管是晶体闸流管的简称。根据国际电工委员会（International Electro-technical Commission，IEC）的定义，晶闸管是指那些具有三个以上的 PN 结，主电压-电流特性至少在一个象限内具有导通、截止两个稳定状态，且可在这两个稳定状态之间进行相互转换的半导体器件[34]。

晶闸管在工作过程中，它的阳极 A 和阴极 K 与电源和负载连接，组成晶闸管的主电路，晶闸管的门极 G 和阴极 K 与控制晶闸管的装置相连，组成晶闸管的控制电路。

相对于汞弧阀换流器，晶闸管换流器在实际运行过程中，不会出现逆弧等故障，而且制造、运行、维护相对简单，因此高压大功率晶闸管的问世，有效改善了直流输电的运行性能和可靠性，大大促进了直流输电技术的发展。下面介绍几个以晶闸管换流器为基础的具有代表性的直流输电工程。

1）伊尔河工程（1972 年）

1972 年，投入运行的加拿大伊尔河背靠背直流输电系统是第一个全部采用晶闸管换流器的直流输电工程，它标志着直流输电进入一个新的阶段。该工程将魁北克与新布伦兹维克进行非同步互联，其交换功率为 300MW，电压等级为 2×80kV。

2）卡哈拉—巴萨工程（1978 年）

该工程连接莫桑比克河与南非约翰内斯堡，传输功率为 1920MW，电压等级为 ±533kV，它是世界上首个极间电压超过百万伏的工程。

3）伊泰普工程（1986 年）

在我国三峡水电站建成投入运行之前，位于巴西和巴拉圭边界上的伊泰普水电站是世界上最大的水电站，共安装单机容量为 700MW 的水轮发电机组 18 台，总装机容量达 12600MW，其中 9 台的频率为 60Hz，另 9 台的频率为 50Hz，而用电 98%的巴西为 60Hz。因此，只能通过直流输电将大量电力送往巴西，与伊泰普电力外送相关的直流输电功率达 6000MW，电压等级为 ±600kV，线路总长度为 1589km。

4）波罗的海海底电缆直流工程（1994 年）

瑞典与德国之间于 1994 年建成的波罗的海海底电缆直流工程传输功率为 1920MW，电缆长度为 255km，电压等级为 450kV 是目前世界上电压等级最高的电缆直流输电工程。

5）巴斯海峡联网工程（2005 年）

巴斯海峡联网工程的电缆长度是目前世界上直流输电之最，近 300km，传输功率为 600MW，并且随着通信技术的飞速发展，在电缆中集成了通信光缆，可支持网络等通信服务，大大拓宽了电缆直流输电的用途。

6）巴西直流输电工程（2009年）

2009年8月，继伊泰普直流输电工程之后，巴西宣布将建设全球最长高压直流输电线路，长约2500km，电压等级为600kV，这条高压直流线路将把巴西西北部两座新建水电站的电能输送到巴西的经济中心圣保罗，该工程将建造两座3150MW高压直流换流站和一座800MW高压直流换流站。

尽管晶闸管具有耐压高、容量大等一系列优点，但是，通过以上描述的晶闸管工作特性可知，晶闸管具有单向导通性，此特性决定了只能控制晶闸管的导通而不能控制阀的关断，只有在交流母线电压过零使阀电流减少至阀的维持电流以下时才能使阀处于截止状态，因此基于晶闸管换流技术的直流输电存在以下缺点，主要体现在三个方面[28，35]。

（1）晶闸管换流器在运行时需要消耗大量的无功功率，约占直流输送功率的30%～60%，因此，换流站均需要安装无功补偿装置，主要类型有三种：①机械投切的电容器和电抗器；②静止无功补偿装置；③调相机。在设计时，根据SCR的大小，选择合适的无功补偿装置，由此在一定程度上增加了换流站的投资和运行费用。

（2）晶闸管换流器桥阀的换相要借助于其所接交流系统提供的短路电流，因此该换流器无法向不含旋转电机的负荷供电。换句话说，直流输电只能将电能由一个交流有源系统输送至另一个交流有源系统，否则，换流器因无法换相而不能对交流系统供电。同时，如果受端系统的短路容量不足，则在不能提供足够大的换相电流时，也容易导致换相失败。

（3）晶闸管换流器产生的谐波次数低，容量大。以双极换流站为例，其产生的谐波电流次数最低为11次、13次，容量分别约占基波容量的9%和7.7%，由此不得不加装滤波装置，加大了换流站的投资费用。

3. 全控型器件换流时期

基于晶闸管换流的直流输电技术存在上述缺点的根本原因在于晶闸管为半控型器件，即其门极信号能控制元件的导通，但不能控制其关断。随着新型电力电子器件的出现，特别是全控型器件的发展，其电压不断提高，容量随之不断增大，同时具备了高频开关特性。通过控制信号既可以控制其导通，又可以控制其关断的电力电子器件被称为全控型器件。这类器件的品种很多，根据器件内部载流子参与导电的种类不同，可以分为单极型、双极型和复合型。器件内部参与导电的载流子只有一种的称为单极型，如金属-氧化物-半导体场效应管（Metal-Oxide-Semiconductor Field Effect Transistor，MOSFET）；器件内部由电子和空穴两种载流子参与导电的称为双极型，如可关断晶闸管（Gate Turn-off thyristor，GTO）、双极结型晶体管（Bipolar Junction Transistor，BJT）；由单极型器件与双极型器件复合而成的器件称为复合型器件，如IGBT等。1990年，McGill大学的Boon-Teck Ooi等首次提出采用PWM控制的VSC

进行直流输电的想法，它摒弃了传统的采用半控型器件构成电流源换流器（Current Source Converter，CSC）的做法，而是采用全控型器件构成 VSC，从而为 HVDC 技术注入了新的活力，带来了诸多新的特点[28，35]。

下面，首先对 GTO 与 IGBT 做简单介绍，然后对 VSC-HVDC 的基本原理进行介绍。1956 年，美国西屋电气首次发表了有关 GTO 的研究论文；1964 年，成功研制了 500V/10A 的 GTO。与普通晶闸管一样，可关断晶闸管 GTO 为 PNPN 四层三端元件，它们的基本结构和工作原理也很相似，即当门极通正电流（信号）时 GTO 导通。只是 GTO 的关断结构和关断机理与普通晶闸管不同，当门极通一个负电流（信号）时，GTO 能够关断。

近年来，GTO 的研制取得突破，相继开发了 1300V/600A、2500V/1000A、4500V/2400A 的产品，目前已达 9kV/25kA/800Hz 及 6kV/6kA/1kHz 的设计水平。因此，可关断晶闸管具有耐高压、电流大、浪涌能力强和造价便宜等特点，但是，GTO 是电流控制型器件，因而在关断时需要很大的反向驱动电流。目前大批量生产的 GTO 有两种：一种是逆阻 GTO，可承受正反向电压，正向压降大，快速性能差；另一种是阳极短路 GTO，又称为无反压 GTO，不能承受反向电压，但具有正向压降小、快速性能好和热稳定性优良等优点。

1983 年，美国通用电气公司首先研制成功了 500V/20A 的 IGBT，经过几年的改进后，1986 年开始正式投产并逐步系列化。近年来，IGBT 的研制取得进展，商业化产品达到 3300V/1200A、4500V/900A，设计水平已达到 6500V/600A 和 1700V/3600A。

1997 年 3 月世界上第一个采用 IGBT 构成的 VSC-HVDC 工业性试验工程——赫尔斯杨（Hellsjön）工程在瑞典中部投入运行，其输送功率和电压分别为 3MW 和 10kV，输送距离 10km。从实际运行来看，该工程电力输送稳定，VSC 能够满足噪声水平、谐波畸变、电话干扰和电磁场等方面的技术要求，它标志着新型直流输电技术可以正式进入商业运行。

VSC-HVDC 中，由于 VSC 中的换流器为全控型器件，通常采用 PWM 技术进行控制。所谓 PWM 技术就是利用半导体器件的开通和关断把直流电压变成一定形状的电压脉冲序列，以实现变频、变压及控制和消除谐波的一门技术。实现 PWM 的方法主要有正弦脉冲宽度调制（Sinusoidal PWM，SPWM）、最小纹波电流法、电流滞环控制法、谐波抑制 PWM 等，其中 SPWM 方式是工业中最流行的一种方法。

4. 我国 HVDC 发展概况

HVDC 在我国的发展总体上可分为两个阶段：研究阶段和工程实践阶段，前者自 1963 年开始，后者自 1987 年开始。表 1-1 列出了我国 HVDC 发展处于研究阶段的主要进程事件[36，37]。

表 1-1 我国 HVDC 发展处于研究阶段的主要进程事件

时间	重要事件
1963 年	中国电力科学研究院：闸流管 6 脉动物理模拟（1kV/5A）
1974 年	西安高压电器研究院责任有限公司：BTB 6 脉动晶闸管换流站（8.5kV/200A，1.7MW）
1977 年	杨树浦发电厂一九龙变电所：23kV 旧 AC 电缆改 6 脉动直流输电试验工程（31kV/150A，4.65MW，8.6km）

我国 HVDC 发展的工程阶段始自 1987 年的舟山直流输电工程，截至 2011 年 8 月，已投运的 HVDC 输电容量共计 45120MW，已投运容量约占世界总容量的 44%，已成为世界直流输电大国。表 1-2 为我国已投运的 HVDC 工程简况表（截至 2011 年 8 月）。

表 1-2 我国已投运的 HVDC 工程（截至 2011 年 8 月）

数量	工程名称	容量/MW	时间/年
1	舟山直流输电工程	100	1987
2	葛南直流输电工程	1200	1990
3	天广±500kV 直流输电工程	1800	2001
4	嵊泗直流输电工程	60	2003
5	三峡—常州直流输电工程	3000	2003
6	三广±500kV 直流输电工程	3000	2004
7	贵广直流输电工程	3000	2004
8	灵宝背靠背直流输电工程	360	2005
9	三沪直流输电工程	3000	2006
10	贵广 II 回直流输电工程	3000	2007
11	高岭背靠背直流输电工程	1500	2008
12	西北与华中联网灵宝背靠背扩建工程	750	2009
13	±500kV 德宝直流输电工程	3000	2010
14	向家坝—上海±800kV 特高压直流输电示范工程	6400	2010
15	云广±800kV 直流输电工程	5000	2010
16	呼辽±500kV 直流输电工程	3000	2010
17	宁东直流工程	4000	2011
18	葛沪直流综合改造工程	3000	2011

目前，我国在建的 HVDC 工程有 5 条，总容量为 19950MW。表 1-3 为我国在建的 HVDC 工程简况表（截至 2011 年 8 月）。

表 1-3 我国在建的 HVDC 工程（截至 2011 年 8 月）

数量	工程名称	容量/MW	时间/年
1	青藏直流输电系统	600	2011
2	中俄直流联网黑河背靠背换流站工程	750	2011
3	锦屏—苏南±800kV 特高压直流输电工程	7200	2012
4	云广±800kV 直流工程	5000	2013
5	溪洛渡±500kV 直流工程	6400	2014

按照规划，在 2020 年之前，我国还将兴建一系列 HVDC 工程（约 30 多个，包括 –660kV、–800kV、–1100kV HVDC 工程）。“十二五”期间，将建设 15 项 HVDC 工程，包括特高压直流等。表 1-4 为我国规划中的 HVDC 工程简况表（截至 2011 年 8 月）。

表 1-4　我国规划中的 HVDC 工程（截至 2011 年 8 月）

工程名称	规格
蒙古至天津±600kV 直流输变电工程	2 回–660kV
锡林郭勒盟—江苏泰州 800kV 特高压直流输电工程	–800kV
哈密南—郑州±800kV 特高压直流工程	–800kV
溪洛渡—浙西±800kV 特高压直流输电工程	–800kV
新疆（昌吉）—江西西电东送 HVDC 工程	–1100kV
西藏、乌东德、白鹤滩等长距离、大容量西电东送 HVDC 工程	–800～–1100kV
俄罗斯、哈萨克斯坦等向我国输电的国际 HVDC 工程	–660～–1000kV

1.3　VSC-HVDC 输电系统的概况

1.3.1　VSC-HVDC 的技术特点

对 VSC-HVDC 技术的命名，目前还没有统一的标准，国际大电网会议（International Council on Large Electric Systems，CIGRE）与电气和电子工程师协会（Institute of Electrical and Electronics Engineers，IEEE）称其为电压源换流器直流输电（VSC-HVDC），西门子公司称之为 HVDC Plus，ABB 公司称之为轻型直流输电（HVDC Light），我国的科研人员将该技术命名为柔性直流输电（HVDC Flexible）[11, 38]。为了与传统的 HVDC 技术区别开来，本书简记为“VSC-HVDC”。

1）VSC-HVDC 基本原理

双端 VSC-HVDC 系统电路结构如图 1-2 所示，其中一端运行于整流状态，另一端运行于逆变状态。单端 VSC-HVDC 主要器件包括：全控换流桥臂、直流侧电容、交流侧换流变压器（或交流侧电抗器）、交流滤波器。其中，全控换流桥臂由 GTO、IGBT 等全控型器件并联上反向二极管组成。直流侧并联大的电容器为逆变器提供电压支撑，缓冲换流桥臂关断时的冲击电流，并可以减少直流侧谐波。交流侧换流变压器是全控换流桥臂与交流系统间能量交换的桥梁，可以与交流滤波器共同作用，滤除交流侧谐波[10, 28]。

与常规的 HVDC 系统相比，基于全控型器件构成换流器的 VSC-HVDC 不仅包含 HVDC 的诸多优点，还有很多自身独特的优势：

（1）可实现自关断，克服了传统 HVDC 受端系统必须是有源网络的根本缺陷，可以工作在无源逆变方式，并且不会出现换相失败；

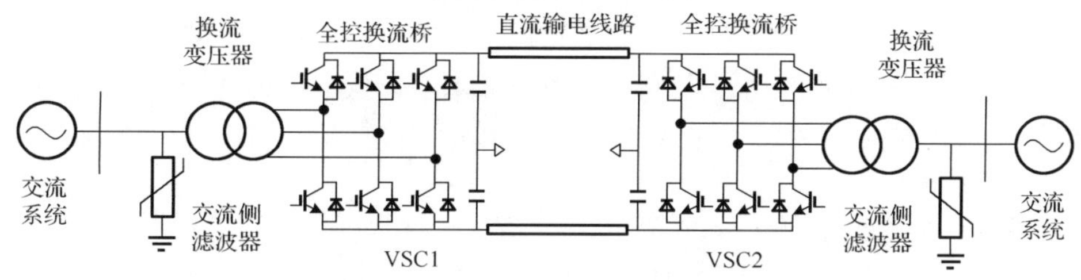

图 1-2　双端 VSC-HVDC 系统电路结构

（2）可以同时对有功功率和无功功率进行独立控制，控制方式更加灵活方便；

（3）VSC 交流侧电流可控，从而不会增加系统的短路功率；

（4）可通过改变直流电流方向来改变潮流流向，潮流换向的实现更为便捷；

（5）可向无源网络提供电能；

（6）具有静止同步补偿器（Static Synchronous Compensator，STATCOM）的作用，故障发生时可动态补偿系统所需的无功功率；

（7）具有黑启动和故障后恢复能力；

（8）模块化设计使其设计、生产和安装的周期大为缩短；

（9）VSC 换流站的通信不是必需的，有利于无人值守的实现。

同样地，基于 2 电平或 3 电平等构成换流站的 VSC-HVDC 系统自身亦有一些固有的缺陷，例如，IGBT 串联引起的静动态均压、电磁干扰、输出特性欠佳、器件开关频率高、开关损耗较大等。

2）已建或在建的 VSC-HVDC 工程

VSC-HVDC 工程的主要应用领域包括[28]以下几个方面。

（1）代替当地小型电厂向远距离的孤岛负荷送电。孤岛负荷一般较偏远，负荷较小且波动较大，从几兆瓦到几百兆瓦。由于输送距离已超出了交流输电技术性和经济性的可行范围，且传统的 HVDC 无法向无源负荷供电，所以为了给此类负荷供电往往要在当地投资建设小型电厂，此类电厂往往运营成本很高。而 VSC-HVDC 可向无源负荷供电且不受供电半径的限制，可代替当地小型、低效的电厂。

（2）环保型可再生能源的接入电网。由于风电场、潮汐电站、太阳能电站等清洁能源发电一般装机容量较小，且远离主网，因此使用交流互联方案在经济和技术上均难以满足要求，而采用 VSC-HVDC 输电具有较明显的优势。

（3）不同额定频率或相同额定频率的交流系统间的非同步互联和电力交易。

（4）促进现代化城市的直流配电网改建，提升城市配电网电能质量。现代化城市的快速发展，使城市已有的架空输电走廊已经没有太大的发展余地，这给城市输配电网的增容改造带来极大的困难。采用电缆输电是可行的方案之一，而直流电缆不仅比交流电缆所需的空间少，且可传输更多的功率。

（5）海岛或海上钻井平台供电。此类负荷往往远离陆地电网，通常依靠价格较昂贵的天然气或柴油来进行供电，因此存在发电成本高、供电可靠性较低、破坏自然环境等缺点。采用 VSC-HVDC 进行供电，这些问题即可得到解决，同时还可以将多余的电能倒送到系统。

自加拿大 McGill 大学的 Boon-Teck Ooi 等第一次提出 VSC-HVDC 以来，基于其优良的性能，VSC-HVDC 一直为国内外众多科研和工程技术人员高度关注，至今已有数十个已建或在建的实际工程。表 1-5 所示为部分主要的 VSC-HVDC 工程简介。

表 1-5　部分已建或在建的 VSC-HVDC 输电系统

工程名称	制造商	投运时间/年	额定有功功率/MW/无功功率/MVA	主拓扑	输电距离/km	主要用途
Hellsjön	ABB	1997	3/3	2 电平	10	工业试验
Gotland	ABB	1999	50/±25	2 电平	70	风力发电并网
Tjaereborg	ABB	2000	7.2/(−3～+4)	2 电平	4.3	风力发电并网
Directlink	ABB	2000	180/±75	2 电平	59	系统互联
Eagle Pass	ABB	2000	36/±36	3 电平	—	系统互联
Murray	ABB	2002	200/(−100～+125)	3 电平	176	系统互联
Estlink	ABB	2006	350/±125	2 电平	105	系统互联
Valhall	ABB	2010	78/±125	2 电平	292	海上油田供电
TBC	西门子	2010	400	MMC	970	电力交易 系统互联
上海南汇	中国	2011	18	MMC	8	风电输送
汕头南澳	中国	2013	200	MMC	40	风电输送
浙江舟山	中国	2014	1000	MMC	140	风电接入

目前，VSC-HVDC 主要应用领域包括以下几个方面：

（1）代替当地小电厂向远距离的孤立负荷送电，海岛或海上钻井平台供电；

（2）环保型可再生能源的接入电网，如风电场（包括海上风电场）、潮汐电站、太阳能电站等清洁能源发电领域；

（3）不同交流系统间的非同步互联和电力交易；

（4）城市配电网的增容改造等。

1.3.2　VSC-HVDC 的研究状况

目前，关于 VSC-HVDC 的研究主要集中在数学模型、控制策略、潮流算法、保护系统设计、谐波、损耗分析等。以上诸方面已有众多文献进行阐述，本书在此不再赘述。

1.4 MMC-HVDC 输电系统的概况

1.4.1 MMC-HVDC 的技术特点

为简便起见，本书对以 MMC 拓扑为基础构成的 VSC-HVDC，均以“MMC-HVDC”称之。首先 MMC-HVDC 是基于传统 HVDC 发展而来的，是 VSC-HVDC 中的一种，兼具 HVDC 系统和 VSC-HVDC 系统的优点。其次，同 VSC-HVDC 系统相比，MMC-HVDC 基于 MMC 拓扑构成换流站，具有结构高度模块化、开关频率较低、容量升级更为容易、技术优势明显的特点，表 1-6 为 2 种系统的主要性能比较。

表 1-6 MMC-HVDC 与 VSC-HVDC 主要性能比较

性能类型	VSC-HVDC	MMC-HVDC
换流器拓扑	VSC	MMC
IGBT 拓扑	直接串联	无需直接串联
滤波装置	需要	小型滤波器或不需要
IGBT 开关频率	较高	仅为 150Hz 左右
损耗	较高	低
容量和电压等级	400MW/±200kV	易于扩展到更高等级
模块化程度	有一定的模块化	结构高度模块化
故障管理	无法控制直流侧的故障电流	具有较强的故障保护能力

MMC 拓扑自 2001 年提出以来，其在 HVDC 场合的研究和应用获得了广泛的关注。目前，国内外的研究工作主要集中在 MMC-HVDC 的建模仿真、调制、控制、故障状态下的系统行为等方面，虽然相关研究国外开展的较早，但是国内无论在理论研究或工程实践方面均不落后。中国电力科学研究院、浙江大学、清华大学等单位已经开展了这方面的相关工作，并取得了一系列的成果。

1.4.2 国外 MMC-HVDC 的工程应用

目前，国内外已有数项投入运行和在建的 MMC-HVDC 实际工程。其中，美国的 TBC 工程是世界上第一个 MMC-HVDC 实际工程。TBC 工程设计容量为 400MW，额定电压为±200kV，单个桥臂由 200 个子模块构成，其输电线穿越旧金山—圣巴勃罗湾—萨斯湾的海底，全长约 53 英里（1 英里=1.609344m）。该工程通过海底电缆将位于旧金山的换流站与匹兹堡的换流站连接在一起，将水力、地热和风能发出的电力从匹兹堡（Pittsburgh）输送至旧金山，隶属于美国加州独立系统运营商（CAISO），由西门子公司负责承建，工程费用为 6.05 亿美元，于 2010 年 11 月实现联网运行，可供应旧金山 40%的电力。图 1-3 为 TBC 示意图（图中波特雷罗（Potrero）和匹兹堡变电站隶属于美国太平洋燃气与电力公司（Pacific Gas and Electric Company，PG&E））[26, 39, 40]，其相关介绍网站主页为：http://www.transbaycable.com/the-project/。

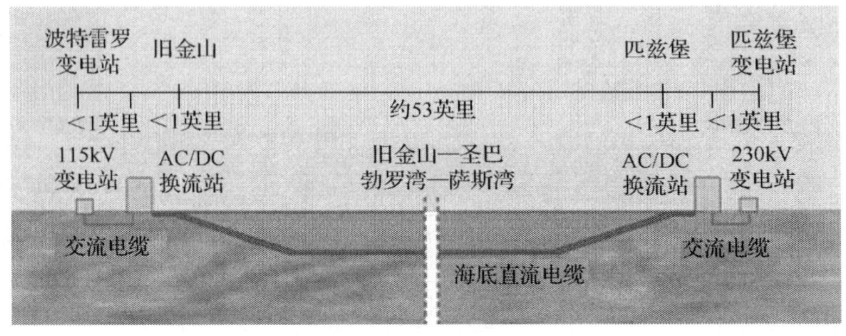

图 1-3　TBC 工程示意图

1 英亩= 4046.8564224m²。

TBC 工程的目的在于缓解已有输电走廊紧张的压力。2004 年 CAISO 通过预算得出，旧金山市北部半岛在 2010 年以后，需要额外的电力输送才能确保该地区电力系统运行的可靠性，因而需要建设新的电力输送通道。在经过漫长的利益权衡进程后，2005 年 9 月 CAISO 最终选择了 MMC-HVDC 作为解决旧金山北部半岛电力传输的解决方案，比较于传统的 HVDC、VSC-HVDC 系统，MMC-HVDC 胜出的原因在于其卓越的性能优势。

由图 1-3 可知，TBC 主要的输电线路为海底直流电缆，包括 2 条电力传输电缆和一条通信电缆。由于采用挤压式技术，所以很大程度上降低了该电缆在海底铺设的难度，亦降低了对环境的影响[41]。图 1-4 为 TBC 工程所采用的电缆结构图，其类型为交联聚乙烯（XLPE）光纤电缆，直径为 10 英寸（1 英寸=2.54cm）。

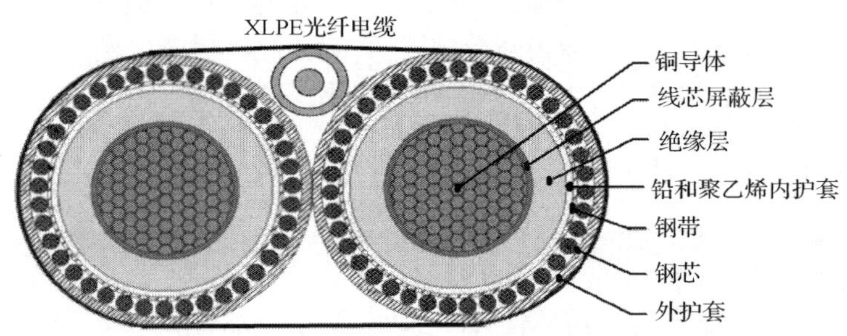

图 1-4　TBC 电缆的结构图

由于 TBC 工程的换流站位于城市中心，因而在设计和施工时，采用了地下电缆进行传输，使得 TBC 工程在环境、外观方面的不利影响都降到了最小，并且电站占地面积也大为减小，将所用的空间降到了最低限度，同时所用的电力元件及建筑充分考虑了旧金山位于地壳强烈活动的地震带因素。TBC 工程的旧金山、匹兹堡两个换流站的实物图分别如图 1-5 和图 1-6 所示，其与传统的 HVDC 性能指标的比较如表 1-7 所示。

图 1-5 TBC 的旧金山换流站图

图 1-6 TBC 的匹兹堡换流站

表 1-7 TBC 与传统 HVDC 性能指标比较

性能指标	常规 HVDC	TBC（MMC-HVDC）
换流站建筑高度	65 英尺	35 英尺
避雷器杆高	85 英尺	65 英尺（大约降低了 1/3）
占地面积	约 5 英亩	约 3 英亩
交流滤波器	有	无
变压器	—	比传统的小
绿化	能力受限	因自身占地面积小，从而为绿化节省出更多空间

注：1 英尺=0.3048m。

TBC 工程不涉及任何电能的生产，仅用于电力的传输。该工程的投入对原电力系统的网络升级做出了贡献，减小了系统损耗，极大地缓解了对旧金山市发电量的需求，并且因具有电压支撑能力，该工程的投运增强了整个旧金山湾区电力系统的稳定性与可靠性[39]。大型城市（如旧金山市等）规模的快速发展，使得市中心负荷需求增长加快，空中输电走廊已没有太大的拓展余地，给城市输配电网的增容改造带来极大的困难，使得城市电网安全稳定运行的压力越来越大，MMC-HVDC 将在城市供电中发挥着越来越重要的角色。

1.4.3 国内 MMC-HVDC 的工程应用

为建设坚强智能电网，我国国家电网公司在 2006 年确定了《柔性直流输电系统关键技术研究框架》[42]，由此拉开了我国在柔性直流输电关键技术领域研究的序幕。我国对 MMC-HVDC 技术的研究进程如表 1-8 所示，上海南汇风电场示范工程是我国第一个自行组织的 MMC-HVDC 实际工程，采用一条直流线路替代原有的交流线路，将南汇风电场换流站通过直流电缆（长约 8km）连接到书柔换流站，之后书柔站经 3.6km 交流线路接入到大治 35kV 交流系统[11]，工程容量为 18MVA，额定电压为±30kV，直流额定电流为 300A，其换流器拓扑为 MMC 结构（49 电平）。该示范工程的实际运行极大促进了我国柔性直流输电技术的研究、开发和推广应用，已成为我国柔性直流输电技术研究和工程应用的奠基石，是我国智能电网建设的重要标志性成果之一。

表 1-8 我国 MMC-HVDC 的研究进程

时间（年.月）	MMC-HVDC 的研究进程
2006.5	《柔性直流输电系统关键技术研究框架》制定
2008.8	柔性直流输电关键技术研究及示范工程实施
2011.3	上海南汇 MMC-HVDC 工程（南汇风电场站成功试运行）
2011.4	上海南汇 MMC-HVDC 工程（书柔站安装、调试）
2011.7	上海南汇 MMC-HVDC 工程正式投入运行
2013.12	广东汕头南澳±160kV 多端柔性直流输电示范工程
2014.7	浙江舟山±200kV 五端柔性直流工程

南澳多端柔性直流输电示范工程于 2013 年 12 月 25 日正式投入运行，本期工程建成电压等级为±160kV，输送容量为 200MW 的三端柔性直流输电系统，服务于青澳、牛头岭和云澳风电场，塔屿风电场投产后将扩建成四端柔性直流输电系统[43, 44]。

舟山多端柔性直流输电工程由舟定、舟岱、舟衢、舟泗、舟洋 5 个直流换流站和多段直流电缆构成，直流电压等级为±200kV，各换流站采用 MMC，容量分别为舟定站 400MW、舟岱站 300MW、舟衢站 100MW、舟洋站 100MW、舟泗站 100MW。舟定和舟岱换流站通过 220kV 单线分别接入 220kV 云顶变电站和蓬莱变电站，舟衢、舟洋和舟泗换流站通过 110kV 单线分别接入 110kV 大衢变电站、沈家湾变电站和嵊泗变电站。该工程将加强舟山诸岛的电气联系，对增强区域网架结构、提高供电可靠性起到很好的作用，同时将解决海上风电等新能源灵活接入、电缆充电功率和冲击性负荷带来的稳定性及电能质量等问题，为浙江舟山群岛新区经济社会的发展提供强劲动力[45]。

目前，我国规划中的柔性直流输电项目还包括舟山传统 HVDC 改造工程（100MW/±100kV），采用海底电缆作为传输线路；台湾金门岛供电（200MW/±150kV），建成后每年将减少台湾电网 10 亿台币左右的亏损；大连电网将在 2012 年年内开始兴建柔性直流输电用于城市联网示范工程（1000MW/±320kV），建成投运后将成为世界范围内电压和功率等级最高的柔性直流输电工程。此外，规划中的大冶柔性直流输电工程采用的也是 MMC 拓扑[46]。

大连跨海柔性直流输电科技示范工程通过新建的 1 回柔性直流输电线路连接电网两端换流站，工程输送容量为 1000MW，直流电压为±320kV，直流电缆总长约 54km。送端换流站位于金家地区，在 220kV 淮河变电站基础上扩建；受端换流站位于市区南部东港地区，以 2 回 220kV 电缆接入规划建设的 220kV 港东变电站，以 2 回 220kV 电缆接入 220kV 青云变电站。换流站采用了基于 MMC 技术的电压源型换流阀，其核心元件为大功率的 IGBT 元件。站内换流阀呈 6 列排布，分别对应 ABC 三相的上下桥臂。每列阀由 3 段交叉接线组成，且有 3 层，每层包括 21 个子模块，即每列阀塔由

441个子模块串联而成，其中400个子模块为运行模块，其余41个模块为冗余模块[47]。

目前，风能、太阳能等可再生能源已成为各国新能源利用的研究热点，我国风能和光伏发电等可再生资源十分丰富，但是大规模、分散性的可再生能源所固有的间歇性、不确定性等问题，对电能质量造成了较大影响，对电网的安全稳定运行提出了更高的要求，而VSC-HVDC是解决以上问题的一个重要手段。上海南汇MMC-HVDC示范工程是推进我国可再生能源并网的重要节点，该工程投运后，将南汇风电场发出的电能可靠地并入上海电网，有助于解决风电场对电网的频率、电压调整以及动态稳定等方面带来的问题。该工程与传统HVDC相比，具有控制灵活、提高系统稳定性、增加系统动态无功储备、改善电能质量、节约建设用地等技术优势，并且有助于消除交流系统中的谐波污染、电压间断以及波形闪变等问题，而谐波污染、电压波形闪变等恰恰是风电、光伏发电带给电网的一大难题。

因而，基于我国直流输电的发展水平和规划，充分调研国外MMC-HVDC技术的研究成果和实践，结合上海南汇风电场并网工程的实际运行经验，研究适合我国电网实际情况的MMC-HVDC相关技术，尽快提高该技术的理论水平并加以推广应用，具有十分迫切而重要的现实意义，其最终将为我国的风电场等可再生能源并网、无源网络供电、城市电网供电、异步交流电网互联等场合的应用研究提供有力的技术支撑。

1.4.4 MMC-HVDC研究现状和存在的问题

与常规直流输电比较，MMC-HVDC摒弃了传统的采用半控型器件构成电流源换流器的做法，采用全控型器件构成VSC，从而为HVDC技术注入了新的活力，带来了诸多新的特点，正吸引着国内外电力学者以及电力规划、设计和运行人员越来越多的关注。当前对于MMC-HVDC已经进行了很多的研究工作，也进行了一些工程应用。但是对MMC-HVDC仍然有许多需要研究的地方，特别是其在提升系统稳定方面的研究还较少，比如提供无功补偿、抑制系统振荡、大停电恢复中的应用等，并且在发挥贡献能力时其本身的相关机理解释也有待于进一步的分析。

因而，结合我国当前的上海南汇风电场柔性直流输电示范工程建设的实际经验，开展结合MMC-HVDC的理论和基础应用等方面的研究很有必要，下面一些问题仍需要进一步研究：MMC-HVDC在遇到故障等扰动情况下的暂态运行特性以及与暂态机理相应的保护对策；电压不对称条件时，MMC-HVDC系统的控制策略研究；对利用MMC-HVDC抑制系统振荡研究尚不充分，利用MMC-HVDC进行黑启动和大停电恢复中的应用及其相关机理还缺乏研究；MMC-HVDC与交流系统相连时，不可避免地要受到交流系统故障的冲击，换流站自身的故障也不可避免，所以有必要对MMC-HVDC故障时的保护策略进行深入研究；MMC-HVDC的数学模型和调制策略、子模块电容参数与均压策略、内部环流机理等也需要深入研究。

1. MMC-HVDC 的主电路拓扑、数学建模和调制策略

1）MMC-HVDC 的主电路拓扑研究

换流器的主电路拓扑是 HVDC 技术的一个重要方面，它与实际工程的容量和电压等级、IGBT 串联数目、开关频率、损耗、开关调制方式和系统可控性等因素密切相关[38, 48]。MMC 技术的难点在于二次系统，即综合考虑子模块电容均压、内部环流的抑制[49]等。

目前，对 MMC 拓扑的相关研究主要集中在 MMC 的建模、调制策略、均压控制、MMC 启动（子模块的预充电）、内部环流、MMC 的阀试验等。文献[50]分析了 MMC-HVDC 输出电压的电平数选取原则。文献[51]和[52]分别分析了 MMC 中电抗和电容参数的计算方法。

虽然 MMC 具有许多技术上的优点，但是该拓扑自身也有缺陷。例如，同样的直流电压等级，其开关器件的数量大约为 2 电平的 2 倍，影响了其经济性。并且由于 MMC 的电平数较多，增加了其调制和控制的复杂度，这直接影响着 MMC-HVDC 系统的安全运行与稳定。此外，MMC 储能电容的分布式布置，使得子模块电容电压的均衡成为难点，以及 MMC 各桥臂之间的环流所引起的暂态不平衡与扰动等。

2010 年 8 月在巴黎召开的 CIGRE 会议上，AREVA 公司提出了一种由串联半导体器件构成的阀和 MMC 共同组成的新型混合式 VSC-HVDC 换流器拓扑[53]，该混合拓扑的基本思想是充分利用 2 电平换流器和 MMC 结构各自的优点，其中，2 电平换流器承担主要的能量传输功能，MMC 提供必要的交流输出波形，其主要优势为：①只需较少的 MMC 子模块，就能使每个换流器的体积和重量都可以大大减小，有利于工程的实际应用[54]；②可以限制和清除直流侧故障带来的故障电流[12]，采用这种混合式拓扑，可以使用类似于传统直流输电技术的方法来处理直流侧的故障，大大提高了 VSC-HVDC 的可用率，因而拥有十分广阔的应用前景。

2）MMC-HVDC 的数学建模研究

对 MMC 的建模研究，目前主要有等效简化模型[55-58]、开关函数模型[59-63]和状态空间模型[64]等。

文献[55]和[56]将串联的子模块等效为理想电压源，建立了等效电路模型。在此基础之上，文献[57]根据电路原理，虚拟短接三相同电位点，将每相桥臂的 2 个电抗并联成一个，得到 MMC 的简化等效模型，从而从理论上讲，所有传统 VSC 的控制策略都可以直接用于 MMC 中。但需注意的是，MMC 等效电路理论模型不是一种实际电路，而是用于 MMC 建模和控制的一种虚拟理论模型。

基于简化等效的模型，假设所有的子模块性能一致，忽略了单个子模块的影响，无法分析 MMC 的非正常运行（如控制系统故障或子模块故障等）；并且，当用于 HVDC 等大功率场合时，MMC 含有的开关器件数量较大，使仿真时间过长，不适合于电磁暂态仿真程序的分析。对此，文献[58]采用快速嵌套–同时求解算法，建立了适合于电

磁暂态程序的 MMC 戴维南等效精确模型，保留了单个子模块的特性影响。该模型在不丧失精确性的同时，仿真时间也大为减少，其快速性也得到了保障。

文献[59]～[63]给出了 MMC 的开关函数模型，基于任意时刻各相投入的子模块数相等，推导了桥臂开关状态与 MMC 交流输出电压的关系。文献[63]通过结合 MMC 的开关函数模型和瞬时功率理论，提出了一种新的 MMC 时域解析模型。文献[64]建立了 MMC 的线性和双线性的状态空间模型。文献[65]从 MMC 电路结构特点出发，提出了 MMC 的单相桥臂环流模型和三相环流模型。文献[66]建立了 MMC 的电磁暂态模型。文献[67]基于实时数字仿真器（Real Time Digital Simulator，RTDS）建立了 MMC 的封装模型。

目前的 MMC 分析模型精度不高，影响了 MMC-HVDC 的调制和控制性能，亟待建立合适的数字仿真研究手段，研究 MMC-HVDC 系统一、二次设备的适用数学模型。

3）MMC-HVDC 的调制策略研究

调制技术对于多电平 VSC 的控制至关重要。多电平换流器的调制方式有多种，若电平数较少，为满足谐波要求，通常采用开关频率较高的多电平 PWM 调制方法，如空间矢量 PWM 等。但要应用于 HVDC 等大功率场合时，换流器的电平数较多，往往在几十到上百个，必须降低开关频率以减小损耗。适合于大功率应用的多电平调制方式一般有以下 3 种[20]：空间矢量控制法、最近电平控制法和指定谐波消去法，其中前 2 种方法在本质上是一样的。由于指定谐波消去法需要求解非线性方程组，并进行离线计算和查表，且当电平数高于 5 时算法将变得相当复杂，因而具有一定的局限性[68]。

所谓 MMC 的调制策略就是如何控制投入、切除子模块来使 MMC 输出的交流电压逼近调制波。由于 MMC 的电平数较多，高电平数使得控制的复杂度大为增加，研究其较为适用的策略就显得尤为重要。文献[69]～[73]将 PWM 用于 MMC 的调制，并进行了现场实验。文献[15]、[23]、[74]～[76]将空间矢量 PWM 用于 MMC，但是对具体的实施方法分析较少，为此，文献[77]和[78]分析了其详细的实现过程，并提出了一种通用的空间矢量 PWM 算法。然而，无论是 PWM 还是空间矢量 PWM，都有可能因开关频率过高而带来较大的损耗，可能不适合于大功率场合的应用。为减小开关损耗，文献[68]、[79]和[80]将最近电平控制法用于 MMC 的调制，提出了适于 MMC-HVDC 的调制策略，但当电平数较低时，最近电平逼近调制性能不佳[78]。文献[81]提出了一种改进的 PWM 调制方法，其开关频率双倍于传统方法，大幅度减小了输出电压中的谐波，且 MMC 的调制和控制算法基于数字信号处理（Digital Signal Processing，DSP）+可编程逻辑门阵列（Field-Programmable Gate Array，FPGA）实现，并在实际的实验中进行了验证。

此外，文献[16]采用基于“幂和理论”的改进算法，提出了一种适于 MMC-HVDC 的多电平基频开关调制策略。文献[62]基于开关函数模型，提出了一种基于载波层叠 PWM 的控制策略。文献[82]和[83]采用状态空间模型的方法，对 MMC 的调制进行了分析。文献[84]和[85]提出了一种基于载波移相的调制策略，文献[85]经由一台 3 电平 MMC 实验样机对该策略进行了验证。

文献[86]对载波移相和脉冲移相进行了对比分析，并进行了基于 QuartusII 软件的仿真和样机实验，结果表明：载波移相技术在波形质量及直流电压利用率方面要优于脉冲移相技术；脉冲移相技术的控制逻辑较为简明清晰，资源占用少、扩展性更强。

文献[87]提出了一种新的基于消谐的固定脉冲调制方式，以维持 MMC 内任一子模块能量均衡。

如何有效地计及调制性能和谐波特性等影响，改进 MMC 的调制策略，提出更为适用的子模块均压方法等问题，有待于进一步的深入研究。

2. MMC 的子模块电容参数设计与均压策略

1）MMC-HVDC 的子模块电容参数设计

如何设计合理的子模块电容和电抗的参数值，并保持各子模块电容电压的均衡，使各功率半导体器件承受相同的应力，是决定新型 MMC 性能优劣的一个重要因素[88]，并直接影响着 MMC 运行的经济性。

鉴于电抗 L 在子模块中的重要作用，文献[51]对给定环流电流幅值下的电抗值进行了计算，并基于直流侧严重故障时的某一电流上升率，提出了对应的电抗参数的计算方法。

子模块电容值一般根据稳态时子模块电压波动小于某值的原则确定，文献[88]从换流器桥臂功率脉动与能量脉动角度，通过子模块传感器以毫秒级的采样率对各子模块电容电压进行周期性测量，并利用软件对各子模块电容进行分类，设计了子模块的电容参数。文献[89]基于 FPGA 设计了电容参数的硬件测量电路。以上文献对 MMC 子模块电容值的分析，都未充分考虑子模块电压波动与运行状态的关系。文献[52]从 MMC 子模块电压稳态与暂态波动、直流系统动态特性及直流双极短路时的安全裕度等方面分析了子模块电容取值的原则。

2）MMC-HVDC 的子模块电容均压

文献[90]详细分析了桥臂电流与电容电压之间的关系。文献[91]指出 MMC 各个桥臂的电容具有均衡的电压是换流器正常运行的前提。文献[92]采用直接调制方法均衡电容电压，无需对换流器进行测量，且其控制器具有较强的鲁棒性，但子模块均压需采用精确的子模块选择与排序处理。文献[93]和[94]采用载波移相方法，对各子模块单独控制，无需排序过程处理，但是调制器和控制器之间的数据交换量大，需用 DSP 加以处理实现。文献[63]通过建立开关函数模型和基于载波层叠 PWM 的控制策略，通过实时检测各单元的电压高低和电流方向，控制各个单元分别工作在充电、放电或旁路等不同的工作模式，实现了悬浮电容电压的动态平衡。文献[95]采用闭环方法，通过测量各桥臂的总电容能量和各子模块的电容电压实现电容的均压。闭环方法在子模块数量较多时，因调制器和控制器之间交换的数据量大，实施比较困难，对此，文献[96]采用开环方法，通过估计总的电容能量来解决该问题，仅需要估计输出电流和直流侧电压即可实现，控制效果优于闭环方法。开环方法的实施基于 2 个前提条件，其一是描述换流器的动态方程具有稳定解，其二是桥臂电流中无任何谐波分量。然而，无论是闭环方法，还是开环方法，均依赖于子模块的精确选择和排序处理，有一定的局限性。文献[97]通过理论分析和试验比较，指出开环方法的桥臂电压响应速度最快，基于排序算法的均压策略较专门的电压控制器更易于实现，因而在 HVDC 等大容量、子模块数多的场合，开环方法更有优势。此外，文献[98]基于载波空间排列方法，研究了电容电压的均衡策略。

针对传统均压方法的不足，文献[99]提出了一种优化均压方法，触发控制和子模块电容电压排序分别采用高、低的工作频率，在不明显增加子模块电容电压波动的前提下，降低了器件的开关频率。文献[100]对传统电压均衡控制方法进行了改进，基于最近电平调制，按子模块电容电压排序，提出了以子模块间最大电压偏差为判断依据的电压均衡优化控制算法，减小了因直接排序触发导致的过多的 IGBT 开关次数，有效降低了换流器的开关损耗。

文献[101]在简化 MMC 拓扑的基础上，分析了 MMC 悬浮电容电压波动规律，推导出了电容电压波动幅值表达式，提出了一种电容电压的低频波动抑制方法，并设计了一台三相五电平的实验样机进行验证。

3. MMC 的启动、内部环流和阀实验

1）MMC 的启动（电容器预充电）

一般而言，换流器中电容器的预充电有自励方式和他励方式之分，前者通过交流系统（与换流器相连）向电容进行预充电，后者通过直流电源实现。在实际的现场应用中，目前一般以自励方式为主。与基于 2 电平、3 电平等结构的 VSC 相比，由于 MMC 含有较多的电平数，其控制的复杂度较高，所以 MMC 结构中的电容预充电的实现要更为复杂。例如，MMC 中的电容基于自励方式预充电时，必须维持换流器中所有的子模块电容电压的均衡，并且控制流入 MMC 的功率以限制预充电的电流[102]。

MMC 通过适当的电容电压控制方法，使各桥臂的能量均衡的存储在各个子模块的电容内，从而保持众多子模块电容电压的均衡，而电容的能量存储必然要求对电容预先进行充电。因此，在 MMC 投入正常运行前，需要向所有子模块的电容进行预充电的操作，使其电压由零上升到正常运行时的稳态值附近，之后再将 MMC 投入正常运行。这个向 MMC 的子模块电容电压充电的过程，称为 MMC 的启动过程，此过程直接决定了换流器能否正常的运行[88，102，103]。

文献[102]对 MMC 中电容器的预充电进行了详细分析，并提出了对应的控制策略。文献[88]从 MMC 拓扑自身特点入手，考虑到各子模块电容电压数值不太高，且换流器存在正、负直流母线，提出了一种外加辅助直流电源并结合子模块开关器件动作的子模块电容预充电方式。此方法属于他励方式，适用于中低压领域，不足之处在于增加了额外的设备投资，不能实现同相上下桥臂间的同时充电，而且如果同时对三相桥臂充电，需要提供的直流电源的容量也要相应增加，进一步加大了该辅助直流电源的制造难度，从而限制了他励启动方式的应用。为此，文献[103]提出了一种直接利用交流电网本身的线电压输入、在无需辅助直流电源情况下自励启动 MMC 的方法，减少了设备投资，缩短了预充电时间，降低了系统复杂度，有助于 MMC 在各种高压大容量的实际工程应用。

2）MMC-HVDC 的内部环流

MMC 的三相桥臂相当于并联在直流测，当各个桥臂之间的电压不完全一致时，将在 MMC 的三相桥臂之间产生内部环流，使得流过桥臂的正弦电流发生畸变，增大了桥臂电流的峰值和系统的损耗，提高了对器件额定容量的要求。如果对此环流不加抑制，将引起暂态过程的不平衡与扰动[95, 104, 105]。

文献[65]推导了环流与直流母线电流的关系，分析了影响环流的关键因素，指出环流无法完全消除，只能加以抑制。文献[104]从能量平衡的角度对环流的产生机理进行了研究，指出可以通过适当增大桥臂电抗的取值，将内部环流的大小限制在一定的范围内。但是仅采用增大桥臂电抗的方式，在实际工程应用中成本较高。因而，文献[105]采用二倍频负序旋转坐标变换将换流器内部的三相环流分解为 2 个直流分量，提出了一种专门用于抑制环流的附加控制器，可在不增加桥臂电抗的情况下，将 MMC 内部环流抑制在一个较低水平。

3）MMC-HVDC 的阀实验

可关断器件阀是 VSC 的核心，须在投入使用前对阀进行相关的型式试验，以保证其安全可靠运行。但由于 VSC 装置容量较大，须采取等效试验方法来进行阀的型式试验。对于不同的 VSC 拓扑结构，阀试验的试验对象不同，但等效试验方法类似[106]。等效试验的核心问题在于，如何在实验室中以较少的代价，尽可能真实地再现在各种运行工况下可能作用在被试品上的各种应力，以便正确评价被试组件的耐受强度[107]。文献[107]和[108]对 MMC 阀的稳态、暂态运行试验方法、试验电路和试验等效性分析等内容进行研究，验证了等效方法的正确性。

4. MMC-HVDC 控制系统和故障保护

1）MMC-HVDC 的控制系统

作为 VSC-HVDC 的一种，MMC-HVDC 的优点之一在于它具有强大的控制能力，其外特性与 VSC-HVDC 类似，其系统控制、运行方式与 VSC-HVDC 也基本一致。本书在此仅着重分析 MMC-HVDC 核心部件 MMC 的控制，其典型控制结构包含中央控制器、微机监控单元和换流器单元，如图 1-7 所示[74, 109]。

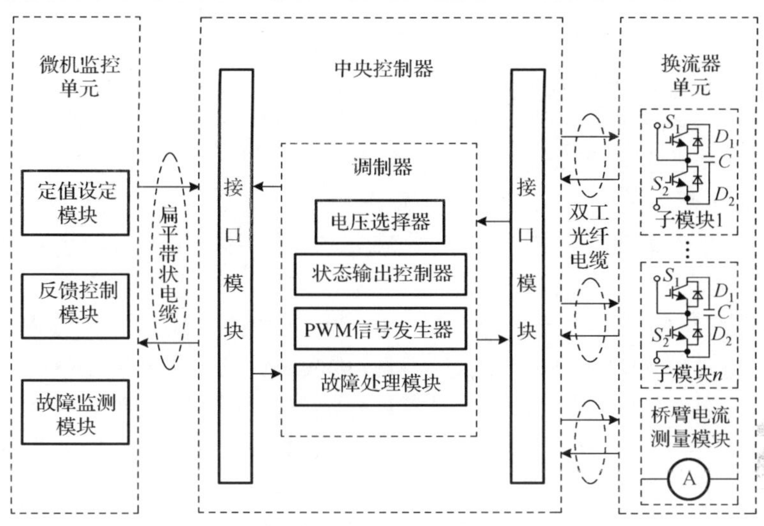

图 1-7 MMC 的控制结构

中央控制器中的调制器用以实现 MMC 中子模块电容的均压，电压选择器和状态输出控制器用以决定 MMC 电平的最优输出状态，并调制下一 PWM 周期的运行次序。PWM 信号发生器用于计算触发控制中产生的延迟时间。故障处理模块用以分析不同类型的故障，当发生过电流等严重故障时，该模块将自动启用安全运行模式，并发出与系统隔离的命令；当发生一些可矫正的非严重故障（如数据传输故障等）时，该模块不产生与系统隔离的命令，而是对此类故障源进行定位与存储，以便在以后的定期维修中将故障清除，这提高了 MMC 的利用率和可维护性。

微机监控单元对整个系统进行监控，其中，反馈控制模块通过参考定值设定模块的定值，实时向中央控制器传送数据。由于 MMC 中子模块的数量较多，造成对子模块电容电压的监测和排序占用较多的时间，数据传输量大，所以需要使用 FPGA 或 DSP 加以处理实现。

换流器单元由规格相同的 n 个子模块和桥臂电流测量模块构成，通过双工光纤电缆与中央控制器通信，各个子模块接收中央控制器周期性的光电触发信号，同时反馈自身的电容和电压状态。光纤电缆隔离了换流器中的低压部分与高压部分，减小了相互之间的影响。数据传输和 IGBT 器件的门极驱动电路所需功率由相应的子模块存储电容提供。

MMC-HVDC 的控制系统可分为 3 个层次，从高到低依次为：系统级控制、换流器控制和阀控制，各层因控制对象的不同而具有各自的功用，其功能原理详细的描述可参阅文献[11]。文献[110]分析、实现了 MMC-HVDC 的装置级和系统级的控制。文献[66]通过建立 MMC-HVDC 系统的直流侧电压动态模型，提出了 MMC-HVDC 控制器的参数协调方法。文献[111]设计了 MMC 装置级的控制器。文献[112]和[113]对 MMC-HVDC 系统级的静态和动态行为进行了分析。文献[114]建立了 MMC 换流器系统的电磁暂态模型，研究了 MMC-HVDC 的装置级控制和系统级控制，但建模和控制中未考虑换流器中各桥臂换流电抗的作用。

由于已有的控制方法基于每相投入的子模块个数 $2n$ 不变的前提，所以直流侧电压、电流不能直接控制，冗余模块得不到充分利用。对此，文献[115]在阀组级控制中合理安排投切子模块的个数、时机和选择方法，实现了一定范围内的调节，在 MMC-HVDC 系统级控制中以有功功率、无功功率电流解耦控制和直流电流控制为内环，实现了交直流侧电流的分别控制。

此外，文献[116]建立了基于 MMC 的分布式发电控制系统，并设计了相应的控制器。

目前，无论是理论上的分析，还是工程上的实践，VSC-HVDC 的控制均有很多有效的实用方法，然而，由于 MMC 的自身拓扑特点，使得 VSC-HVDC 的控制方法无法直接用于 MMC-HVDC 中。如何将适合于 VSC-HVDC 的方法移植到 MMC-HVDC 系统的控制中，并分析 MMC-HVDC 系统对整个电网电能质量的影响及控制手段，是值得进一步研究的。此外，还需要进一步探讨由多个 MMC 连接构成的多端直流系统的运行特性、控制方式等。

2）MMC-HVDC 的故障保护

VSC-HVDC 系统的保护配置一定程度上决定于 VSC 主拓扑的电路设计和控制。对于 VSC-HVDC 系统中的大部分元件，保护要求与传统的 HVDC 基本相同[38]，而 MMC-HVDC 拥有更强的故障保护能力。例如，当某一子模块发生故障时，可由同一桥臂的冗余子模块代替故障的子模块，该替换过程无需机械开关，并且不影响换流系统的正常工作；当系统直流母线侧发生短路等较严重的故障时，可限制冲击电流在一个较低的水平，并且直流母线短路电流不会对电容进行放电，使得故障恢复较快；此外，桥臂电流工作于连续模式，当直流母线发生短路故障时，MMC 中的电抗器 L 可以限制故障电流，起到保护作用。

文献[117]针对 MMC 子模块的故障进行了分析，并针对性地提出了相应的保护策略。文献[118]讨论了 MMC-HVDC 直流侧的故障类型、特点，并提出了对应的保护方法。文献[119]计及交流系统与换流站交换功率的数学关系，将交流系统与换流站交换功率的数学关系纳入换流站的功率圆图中，应用图解法分析了交流电网强度对 MMC-HVDC 系统稳态特性的影响，同时分析了接入强、弱交流电网的直流系统在不同控制方式下控制对象设定值改变时的暂态特性。文献[120]对 MMC-HVDC 交流侧电压发生不对称故障进行了研究，对 MMC-HVDC 的控制进行了分析，针对故障系统中存在零序电流通路的特点，提出了故障时的系统正负零序控制器。文献[121]在平衡和不平衡的电网运行条件下，针对背靠背两端 MMC-HVDC 的动态特性进行了研究，针对基于 7 电平 MMC 换流器的两端背靠背 MMC-HVDC 系统，分析了其动态行为。文献[122]对 MMC-HVDC 直流双极短路子模块过电流进行了分析，针对 MMC-HVDC 系统，将直流双极短路故障分为闭锁前和闭锁后 2 个阶段，并对子模块过电流的应力进行了分析，为MMC-HVDC输电系统换流器主参数的设计、试验与性能评价提供了相应的理论依据和计算方法。文献[123]针对故障情况下的可靠性问题，从对称和不对称故障等方面详细比较了VSC-HVDC和MMC-HVDC二者的性能差异。文献[124]提出了一种多端MMC-HVDC系统，分析了其控制的灵活性和系统的可靠性。

从国内外研究现状来看，目前的研究主要着重于对MMC-HVDC控制系统设计及故障的仿真分析，需要进一步研究适合实际工程应用的MMC-HVDC系统的保护策略。我国上海南汇MMC-HVDC风电场换流站的调试完成，标志着继ABB、西门子之后，我国也掌握了MMC-HVDC的核心控制保护技术，并成功将其应用于实际的工程。

5. MMC-HVDC的接地、谐波和损耗

1）MMC-HVDC的接地

VSC-HVDC换流站及其主要部分，如直流电容器、滤波器和换流变压器绕组的接地都会影响换流器的性能并且增加VSC阀的负荷电流。通过对中性点接地系统在正常、异常工况下的环流及其对直流输电系统运行、各个主设备及其控制保护功能影响进行理论分析和仿真研究，可以提出相应的对策，确保系统安全可靠运行[38]。

同VSC-HVDC系统相比，MMC-HVDC系统的接地有较大的区别。由于直流侧无需安装高压电容器组，使得MMC-HVDC系统的接地比较困难。文献[39]指出接地支路可以安装在变压器二次侧与换流器的交流侧之间，接地支路结构采用星型电抗器，为该站提供地电位参考点。为了使换流器在不输送有功功率、直流线路开路的情况下（启动过程），两端换流器可以独立的发出或吸收无功功率，两端的换流站应同时安装接地支路[12]。

2）MMC-HVDC的谐波

进行VSC-HVDC系统交直流侧的谐波理论计算、仿真分析和优化设计，可以为交直流侧滤波系统、PWM控制的设计及其优化，噪音和无线电干扰的降低，提供相应的理论基础[38]。VSC-HVDC的谐波水平和特性一般由换流器的拓扑、系统结线方式和控制策略等决定。由于MMC-HVDC系统的开关频率很低，其谐波处在一个较低的水平，在很多情况下无需使用交流滤波器。文献[68]和[79]分析了MMC-HVDC的电压谐波畸变。文献[83]研究了MMC的谐波补偿问题。

3）MMC-HVDC的损耗

采用2电平或3电平的VSC-HVDC的一个致命缺点是功率损耗较大，通常是传统HVDC的2～3倍[12]。而MMC-HVDC由于换流站中的子模块数较多，可以利用较低的开关频率而得到较好的输出电压波形，使得IGBT器件的开关损耗和系统总损耗大为降低。文献[76]和[125]分析了MMC-HVDC的IGBT器件的损耗，并与VSC-HVDC系统的开关器件损耗进行了对比。

6. MMC-HVDC 的研究展望

尽管 MMC 具有诸多技术上的优势，其自身也有不足之处，比如在同样的直流电压等级下，MMC 的开关器件数为 2 电平拓扑的 2 倍，经济性略低。目前，对 MMC 的研究已取得了一定的成果，然而结合我国 HVDC 技术的发展现状，MMC 相关技术仍需要进一步完善和发展的方面，主要包括以下几点。

（1）对 MMC 的有效分析是建立在其不同运行工况下合适的稳态和暂态模型基础上的。现有文献的 MMC 基本是基于简化等效模型建立的，精确度不高，影响了其调制策略和控制设计的准确性。如何兼顾模型的精确性和计算的快速性，建立新的 MMC 模型，尤其是适合于电磁暂态程序的精确模型，是今后需要解决的关键问题之一。

（2）MMC 作为一种全新的拓扑，通过子模块串联易于扩展到任意电平。随着电平数的增加，其调制和控制变得更加复杂，而现有的 MMC 调制方案并不完善，需要综合考虑开关损耗、谐波特性、调制性能等，进一步加以改进。

（3）由于储能电容的分布式布置，使得具有低开关频率的 MMC 子模块电容的均压问题成为难点。传统的子模块均压方法存在几点不足：①未计及不同子模块的初始投切状态，由于各子模块投切不能同时完成，造成总的直流电压波动；②子模块投切频率过高所导致的开关器件损耗，降低了 MMC 的经济性；③MMC 中较多的子模块造成对子模块电容电压的监测和排序需要占用较多的时间，将在触发控制中引入较大的延迟，降低了换流器跟踪调制波的速度。为此，亟待提出更为适用的子模块均压策略。

（4）目前，传统的 VSC-HVDC 控制拥有众多成熟的方法，其中很多已在实际的工程应用中得到了验证。但是，由于 MMC 的自身结构特点，决定了传统的 VSC 控制方法不能直接用于 MMC，如何把控制效果较好的传统控制方法合理地用于 MMC-HVDC 的控制中，仍然值得深入的探讨。

（5）随着现代电力电子技术和器件的发展，将给 MMC 带来新的契机。作为宽禁带半导体材料的一种，碳化硅（SiC）具有耐高温、大容量、低通态损耗、高频率等突出特点，在制造工艺逐步提高和成本进一步降低的基础上，SiC 取代目前常用的硅器件是大势所趋。当采用基于 SiC 的新型 MMC 替代当前采用硅器件的 IGBT 时，SiC 低损耗的优势将更为明显，尤其是用于 HVDC 等大容量场合时，因而，开展基于 SiC 器件的 MMC 研究具有重要的意义。

（6）MMC-HVDC 在风力发电等可再生能源和配电网中的应用。风电场具有多种并网方式，VSC-HVDC 系统虽然控制十分灵活，但其功率损耗过大和换流器容量的限制等缺陷影响了其在风电场并网中的应用，而 MMC-HVDC 系统正好弥补了这些不足，因而，结合我国南汇风电场并网工程的实际运行经验，进一步研究适合我国电网实际情况的 MMC-HVDC 相关技术，将为我国电网互联、新能源并网、孤岛供电、城市电网供电等应用研究提供有力的技术支撑，具有重要的实际意义。

1.5 交直流系统潮流计算的研究现状

HVDC输电系统的持续应用已使原来单纯的交流电网渐渐发展为交流和直流混合的电力系统。作为能量管理系统（Energy Management System，EMS）的一个重要的基础组成部分，潮流计算和分析在交直流混合电力系统中的研究和应用吸引了众多学者和工程技术人员的关注。由于已有的单纯的交流电网的潮流算法已经发展成熟，并且取得了广泛而成功的实际应用，目前关于交直流系统的潮流分析基本是由原纯交流潮流算法发展而来的，主要有以下两种[28，126-131]。

（1）统一迭代算法，其另一个称谓是联合求解法。它是以极坐标形式下的牛顿-拉夫逊法为基础的，通过联立交流系统和直流系统的各种约束方程实现求解，即将交流节点电压的幅值、相位与直流系统中的直流电流、直流电压以及PWM的控制变量进行联合迭代计算，计及了交流系统和直流系统之间的相互作用。统一迭代法虽然收敛性好，但不能充分利用已有的纯交流潮流程序，当直流线路增多时，交直流系统雅可比矩阵规模陡增，计算效率受影响较大。

（2）交替迭代算法，其对交流方程和直流方程分别进行计算求解。该算法实现形式简洁，并且可利用已有的纯交流系统潮流程序，编写程序实现较简便。但是，交替迭代法在形成雅可比矩阵时，未考虑交流变量和直流变量之间的耦合，因此收敛性不佳。

虽然针对统一迭代算法和交替迭代算法的收敛性等问题，部分学者已经开展了针对性的改进工作[127-129]，但是当系统为多端直流、多馈入系统，以及MMC-HVDC等新型输电系统出现时，仍需要进一步深入研究适用的交直流系统潮流算法。含MMC-HVDC交直流混合系统潮流计算的目的就是根据给定的交流系统中的各节点负荷数据以及直流系统的控制方式，通过计算确定交流系统中所有节点的电压幅值、相角以及各MMC的运行变量和控制变量。与传统纯交流系统潮流计算不同的是，当系统中含有MMC-HVDC时，在描述全系统的非线性代数方程中将含有与MMC-HVDC直流系统相关的变量，因而相应地也就需要增加描述MMC-HVDC直流系统的方程式。

1.6 交直流系统电压稳定的研究现状

近年来，传统的纯交流系统的电压稳定研究已取得了一系列的研究成果，交直流系统的电压稳定越来越多的受到关注。但由于直流系统多种多样的控制方式和运行方式，使得交直流系统电压稳定性分析方法的研究变得较为复杂。为此，国内外学者做了大量的研究工作，取得了一系列的成果[132-134]。表1-9所示为目前交直流系统电压稳定研究的主要方法。

表 1-9　交直流系统电压稳定主要研究方法

类别	研究方法
静态电压稳定	最大功率法[135-137]、短路比法[135，136，138-140]、电压稳定因子判据法[136，141-143]、崩溃点法[144，145]、连续潮流法[146，147]、非线性规划法[148-150]
动态电压稳定	特征分析法[151-153]、时域仿真法[154，155]、动态最大功率曲线法[156]、暂态能量函数法[157]、分岔理论[145，158-161]

1.6.1　静态电压稳定

1）最大功率法

在交直流混合系统中，输送的直流功率容量并不是可以无限增大的。直流功率随着直流电流变大而增大的过程中，会遇到一个关键点，即在这个关键点之后，直流电流的增加并不能带来直流功率的增加，这是由于在这个过程中，系统消耗的无功功率的增幅引起了直流电压的降低，并且直流电压的降低的幅度超过直流电流增大的幅度。最大功率法常见的形式为功率-电流曲线方法，使用直流电流表征 HVDC 系统控制的改变情况，通常而言，最大功率法仅仅是用于电网前期规划的一种参考[135-137]。

2）短路比法

短路比法是一种比较实用的反映交流系统较于直流系统强弱程度的方法，一般定义为交流系统短路容量与直流换流器额定容量的比值。此方法的主要缺陷在于无法考虑到直流系统换流站无功补偿的效果[128-139]。

3）电压稳定因子判据法

电压稳定因子判据法是指在一定的功率情况下，判别换流母线处的电压因无功功率发生变化而带来的波动影响，此方法仅仅能判别出系统稳定与否，至于系统此时的稳定裕度数值的求取则无法得到解决[136，141-143]。

4）崩溃点法

崩溃点法是指下一步的控制方向由崩溃点零特征根所对应的左特征向量决定的方法，通过不断计算求解修正系统负荷的增长方向，求取极限功率点。此方法的缺陷主要在于无法计及系统的各种约束条件，使得所求取的负荷裕度或者偏于保守，或者过于乐观[144，145]。

5）连续潮流法

连续潮流法是一种有效分析交直流系统静态电压稳定的方法，通过预测步、校正步求取系统的崩溃点，有效解决了崩溃点雅可比矩阵出现奇异的问题。此方法的不足之处在于其结果一般过于乐观，并且所得的结果仅仅适用于所给定的特定负荷增长方式[146，147]。

6）非线性规划法

非线性规划法是一种多目标的优化方法，计及了交直流系统的各类约束条件，其目标函数一般为负荷节点的最大有功功率，其不足之处主要在于无法有效处理较大规模系统[148，149]。

综上所述，当前对交直流混合系统的静态电压稳定的研究，基本上沿用了纯交流系统的静态分析方法，其本质是基于潮流的分析方法，视系统的潮流极限为静态电压稳定的崩溃点。不同之处在于采用不同的方法，在给定的系统模式下求取系统的临界状态、当前运行点和系统电压崩溃点的距离以及评估系统的电压稳定指标等，抓住极限运行状态的不同特征作为电压崩溃点的依据。静态电压稳定分析忽略了交流和直流系统的动态过程，假定发电机机端电压不变，负荷用恒定功率表示，整个系统方程式简化为纯代数方程。这种分析方法计算快捷、简单，易于掌握，但是由于所用的模型过于简化，忽略了交流系统和直流系统的动态特性，因此是不严格和不精确的。

1.6.2 动态电压稳定

1）特征分析法

特征分析法是指通过对状态方程进行线性处理，求取相应特征值的相关因子，从而得出影响交直流系统稳定的因素。此方法的主要不足在于其涉及的计算较多，无法有效处理大规模的系统[151-153]。

2）时域仿真法

时域仿真法是一种逐步实现积分的方法，此方法中系统的微分代数方程的求解经由数值积分方法加以实现。时域仿真法一般通过软件仿真进行分析，包括机电暂态仿真软件和电磁暂态仿真软件，前者基于简化的准稳态模型，无法处理系统非对称故障的问题；后者仿真规模较小，无法真实反映系统的某些行为，并且二者一般是相互独立运行仿真的，如何有效实现二者的混合仿真是一个重要的研究方向[154，155]。时域仿真法的计算速度一般较慢，并且无法给出精确的稳定裕度。

3）动态最大功率曲线法

由于计及了系统中的发电机励磁作用和直流元件等因素对系统极限功率传输的影响，所求取的极限功率值有一定的精确性，目前的研究主要集中在单馈入直流系统，对多馈入直流系统的研究需深入开展[156]。

4）暂态能量函数法

暂态能量函数法又称为李雅普诺夫直接法。与常规的从时域角度分析系统的稳定问题不同，是从能量的角度出发，判断系统的稳定性，能有效考虑非线性因素，计算速度较快。主要的不足之处在于所得结果过于保守；与时域仿真法相比，其优势主要在于可求出精确的稳定裕度值[157]。

5）分岔理论

分岔理论是研究非线性动态系统结构稳定性机制的有力工具，在电力系统电压稳定分析中得到广泛应用，它已成为电压稳定研究中一个重要的理论工具。目前已有一些文献运用该方法研究交直流系统的电压稳定性，对于传统的线性化分析方法，该方法能更准确地分析系统在临界点邻域附近的稳定情况。但该方法除了要进行复杂的运算外，还存在建模上的困难。并且，在交直流系统中，分岔理论在当前的应用主要局限于低维系统和简单模型[145，158-161]。

综上所述，动态电压稳定研究主要面对复杂的交直流混合系统的精确建模问题，同时要计及负荷等因素的动态影响，需要协调处理精确的模型（如能反映直流元件的动态性能等）和大规模交直流系统快速求解的矛盾[132-134，162]。

作为 VSC-HVDC 系统的一种，MMC-HVDC 系统可对交直流系统交流母线无功功率进行动态补偿，有利于防止系统中晶闸管换流设备的换相失败，为受端系统提供良好的电压支撑，有助于改善系统的功角稳定性、电压稳定性和电能质量，提升系统的紧急功率控制和故障后快速恢复直流功率。然而，当前基本都是基于软件仿真分析 MMC-HVDC 对所连接系统的稳定性影响的文献，对基于 MMC-HVDC 稳态潮流方程的电压稳定性研究尚未见文献报道。而已有的文献[1，8，163]指出：在交直流混合系统稳定性研究中，最值得关注的问题是电压稳定问题。为此，针对含 MMC-HVDC 的交直流混合系统的电压稳定进行研究，探讨分析含 MMC-HVDC 的交直流混合系统的电压稳定性问题显得非常必要。

参 考 文 献

[1] 李兴源. 高压直流输电系统的运行和控制. 北京: 科学出版社, 1998.

[2] 高晓旺. 背靠背换流站的数字仿真分析[硕士学位论文]. 郑州: 郑州大学, 2007.

[3] 王彦广. 考虑特高压的福建电网稳定性仿真研究[硕士学位论文]. 北京: 华北电力大学, 2010.

[4] 高厚磊, 田佳, 杜强, 等. 能源开发新技术——分布式发电. 山东大学学报(工学版), 2009, 39(5): 106-110.

[5] 张桂斌, 徐政. 直流输电技术的新发展. 中国电力, 2000, 33(3): 32-35.

[6] 杨勇. 高压直流输电技术发展与应用前景. 电力自动化设备, 2001, 21(9): 58-60.

[7] 李兴源, 邵震霞, 汤广福. 多馈入高压直流输电系统的分散协调控制研究. 中国电机工程学报, 2005, 25(16): 8-12.

[8] 郭小江, 马世英, 卜广全, 等. 多馈入直流系统协调控制综述. 电力系统自动化, 2009, 33(3): 9-15.

[9] 刘崇茹, 张伯明, 冯永青. MIDC 系统有功功率分配方式对受端交流系统网损的影响. 电力系统自动化, 2007, 31(10): 17-20.

[10] Flourentzou N, Agelidis V G, Demetriades G D. VSC-based HVDC power transmission systems: an overview. IEEE Transactions on Power Electronics, 2009, 24(3): 592-602.

[11] 汤广福. 基于电压源换流器的高压直流输电技术. 北京: 中国电力出版社, 2010.

[12] 徐政, 屠卿瑞, 裘鹏. 从 2010 国际大电网会议看直流输电技术的发展方向. 高电压技术, 2010, 36(12): 3070-3077.

[13] 汤广福, 贺之渊. 2008 年国际大电网会议系列报道——高压直流输电和电力电子技术最新进展. 电力系统自动化, 2008, 32(22): 1-5.

[14] 韦延方, 卫志农, 孙国强, 等. 适用于电压源换流器型高压直流输电的模块化多电平换流器最新研究进展. 高电压技术, 2012, 38(5): 1244-1252.

[15] Marquardt R, Lesnicar A. New concept for high voltage-modular multilevel converter. Proceedings of the 34th IEEE Annual Power Electronics Specialists Conference, Aachen, Germany, 2003: 20-25.

[16] 丁冠军, 汤广福, 丁明, 等. 新型多电平电压源换流器模块的拓扑机制与调制策略. 中国电机工程学报, 2009, 29(36): 1-8.

[17] Marquardt R. Stromrichterschaltungen mit verteilten Energiespeichern: German, DE10103031A1[P]. 2001-01-24.

[18] 韦延方, 卫志农, 孙国强, 等. 一种新型的高压直流输电技术——MMC-HVDC. 电力自动化设备, 2012, 32(7): 1-9.

[19] Hassan M P, Mohammad T B. Modular multilevel converter based STATCOM topology suitable for medium-voltage unbalanced systems. Journal of Power Electronics, 2010, 10(5): 572-578.

[20] Franquelo L G, Rodriguez J, Leon J I, et al. The age of multilevel converters arrives. IEEE Industrial Electronics Magazine, 2008, 2(2): 27-39.

[21] Peftitsis D, Tolstoy G, Antonopoulos A, et al. High-power modular multilevel converters with SiC JFETs. IEEE Transactions on Power Electronics, 2012, 27(1): 27-36.

[22] Wang J H, Wu B, Xu D W, et al. Multimodular matrix converters with sinusoidal input and output waveforms. IEEE Transactions on Industrial Electronics, 2012, 59(1): 17 - 26.

[23] Marquardt R, Lesnicar A. A new modular voltage source inverter topology. European Conference on Power Electronics and Applications, Toulouse, 2003.

[24] Kouro S, Malinowski M, Gopakumar K, et al. Recent advances and industrial applications of multilevel converters. IEEE Transactions on Industrial Electronics, 2010, 57(8): 2554-2580.

[25] Malinowski M, Gopakumar K, Rodriguez J, et al. A survey on cascaded multilevel inverters. IEEE Transactions on Industrial Electronics, 2010, 57(7): 2197-2206.

[26] California Independent System Operator. Trans bay cable. http://www. transbaycable. com/the-project/.

[27] 上海上电力公司. 亚洲首条柔性直流输电示范工程投入正式运行并通过专家鉴定[2011-07-25]. http://www. sh. sgcc. com. cn/load. loadPage. d?siteCode=sdww&newsid=813489&page=detail_zxzx. xml.

[28] 孙国强. 新型直流输电系统状态估计研究[博士学位论文]. 南京: 河海大学, 2010.

[29] 浙江大学发电教研组直流输电科研组. 直流输电. 北京: 水利电力出版社, 1982.

[30] 韩民晓, 文俊, 徐永海. 高压直流输电原理与运行. 北京: 机械工业出版社, 2009.

[31] 刘振亚. 特高压电网. 北京: 中国经济出版社, 2005.

[32] 王官洁, 任震. 高压直流输电技术. 重庆: 重庆大学出版社, 1997.
[33] 第一机械工业部整流器研究所. 变流器及其器件应用设计手册. 北京: 第一机械工业部整流器研究所, 1968.
[34] 王兆安, 黄俊. 电力电子技术. 北京: 机械工业出版社, 2009.
[35] 文俊, 张一工, 韩民晓, 等. 轻型直流输电——一种新一代的 HVDC 技术. 电网技术, 2003, 27(1): 47-51.
[36] 曾南超. 国内外高压直流输电国内外高压直流输电概况. 北京: 中国电力科学研究院, 2011.
[37] Per Haugland. It's time to connect: technical description of HVDC light. Zurich: ABB, 2008.
[38] 徐政, 陈海荣. 电压源换流器型直流输电技术综述. 高电压技术, 2007, 33(1): 1-10.
[39] Westerweller T, Friedrich K, Armonies U, et al. Trans bay cable world's first HVDC system using multilevel voltage sourced converter. Proceedings of CIGRE, Paris, France, 2010.
[40] Babcock & Brown. Trans Bay Cable Project. Australian: Babcock & Brown, 2007.
[41] URS Corporation. Draft environmental impact report for the proposed Trans Bay Cable Project. San Francisco: URS Corporation, 2006.
[42] 汤广福, 贺之渊, 滕乐天, 等. 电压源换流器高压直流输电技术最新研究进展. 电网技术, 2008, 32(22): 39-44, 89.
[43] 杨柳, 黎小林, 许树楷, 等. 南澳多端柔性直流输电示范工程系统集成设计方案. 南方电网技术, 2015, 9(1): 63-67.
[44] 李力, 伍双喜, 张轩, 等. 南澳多端柔性直流输电工程的运行方式分析. 广东电力, 2014, 27(5): 85-89.
[45] 高强, 林烨, 黄立超, 等. 舟山多端柔性直流输电工程综述. 电网与清洁能源, 2015, 31(2): 33-38.
[46] 张文亮, 汤广福, 查鲲鹏, 等. 先进电力电子技术在智能电网中的应用. 中国电机工程学报, 2010, 30(4): 1-7.
[47] 葛维春, 顾洪群, 贺之渊. 大连跨海柔性直流输电科技示范工程综述. 东北电力技术, 2012, 2: 1-4.
[48] Andre L P D O, Carlos E T, Mario N L, et al. Prospects of voltage-sourced converters (VSC) applications in DC transmission systems. 2010 IEEE/PES Transmission and Distribution Conference and Exposition, 2010: 491-495.
[49] 丁冠军, 丁明, 汤广福. VSC-HVDC 主电路拓扑及其调制策略分析与比较. 电力系统自动化, 2009, 33(10): 65-68.
[50] 屠卿瑞, 徐政, 姚为正. 模块化多电平换流器型直流输电电平数选择研究. 电力系统保护与控制, 2010, 38(20): 34-38, 44.
[51] Tu Q R, Xu Z, Huang H Y, et al. Parameter design principle of the arm inductor in modular multilevel converter based HVDC. 2010 International Conference on Power System Technology, Hangzhou, China, 2010: 1-6.

[52] 王姗姗, 周孝信, 汤广福, 等. 模块化多电平HVDC输电系统子模块电容值的选取和计算. 电网技术, 2011, 35(1): 27-32.

[53] Davidson C C, Trainer D R, Oates C D M, et al. A new hybrid voltage-sourced converter for HVDC power transmission. Proceedings of CIGRE, Paris, France, 2010.

[54] 汤广福, 刘泽洪. 2010 年国际大电网会议系列报道:高压直流输电和电力电子技术. 电力系统自动化, 2011, 35(5): 1-4.

[55] Friedrich K. Modern HVDC PLUS application of VSC in modular multilevel converter topology. 2010 IEEE International Symposium on Industrial Electronics, Bari, Italy, 2010: 3807-3810.

[56] Guan M Y, Xu Z, Li H J. Analysis of DC voltage ripples in modular multilevel converters. 2010 International Conference on Power System Technology, Hangzhou, China, 2010: 1-6.

[57] 管敏渊, 徐政. 模块化多电平换流器型直流输电的建模与控制. 电力系统自动化, 2010, 34(19): 65-68.

[58] Gnanarathna U N, Gole A M, Jayasinghe R P. Efficient modeling of modular multilevel HVDC converters on electromagnetic transient simulation programs. IEEE Transactions on Power Delivery, 2011, 26(1): 317-324.

[59] Hagowara M, Akagi H, Hirofumi S. PWM control and experiment of modular multilevel converters. Power Electronics Specialists Conference, 2008: 155-161.

[60] Solas E, Abad G, Barrena J A, et al. Modelling, simulation and control of modular multilevel converter. Proceedings of the 14th International Power Electronics and Motion Control Conference, Ohrid, Macedonia, 2010: 90-96.

[61] Solas E, Abad G, Barrena J A, et al. Modulation of modular multilevel converter for HVDC application. Proceedings of the 14th International Power Electronics and Motion Control Conference, Ohrid, Macedonia, 2010: T2-85-89.

[62] Munch P, Gorges D, Izak M, et al. Integrated current control, energy control and energy balancing of modular multilevel converters. Proceedings of the 36th Annual Conference on IEEE Industrial Electronics Society, Glendale, 2010: 150-155.

[63] 王奎, 郑泽东, 李永东. 模块化多电平变换器电压平衡控制. 清华大学学报(自然科学版), 2011, 51(7): 909-913.

[64] 王姗姗, 周孝信, 汤广福, 等. 模块化多电平电压源换流器的数学模型. 中国电机工程学报, 2011, 31(24): 1-8.

[65] 杨晓峰, 王晓鹏, 范文宝, 等. 模块组合多电平变换器的环流模型. 电工技术学报, 2011, 26(5): 21-27.

[66] 赵岩, 胡学浩, 汤广福, 等. 模块化多电平变流器HVDC输电系统控制策略. 中国电机工程学报, 2011, 31(25): 36-42.

[67] 赵成勇, 刘涛, 郭春义, 等. 基于实时数字仿真器的模块化多电平换流器的建模. 电网技术, 2011, 35(11): 86-90.

[68] Tu Q R, Xu Z. Impact of sampling frequency on harmonic distortion for modular multilevel converter. IEEE Transactions on Power Delivery, 2011, 26(1): 297-306.

[69] Das A, Nademi H, Norum L. A pulse width modulation technique for reducing switching frequency for modular multilevel converter. Proceedings of the 2010 India International Conference on Power Electronics, 2011: 1-6.

[70] Adam G P, Anaya-lara O, Burt G M, et al. Modular multilevel inverter: pulse width modulation and capacitor balancing technique. IET Power Electronics, 2010, 3(5): 702-715.

[71] Rohner S, Bernet S, Hiller M, et al. Analysis and simulation of a 6 kV, 6 MVA modular multilevel converter. Proceedings of the 35th Annual Conference of IEEE Industrial Electronics, Porto, Portugal, 2009: 226-230.

[72] Rohner S, Bernet S, Hiller M, et al. Pulse width modulation scheme for the modular multilevel converter. Proceedings of the 13th European Conference on Power Electronics and Applications, Barcelona, Germany, 2009: 1-10.

[73] Konstantinou G S, Agelidis V G. Performance evaluation of half-bridge cascaded multilevel converters operated with multicarrier sinusoidal PWM techniques. Proceedings of the 4th IEEE Conference on Industrial Electronics and Applications, Xi’an, China, 2009: 3399-3404.

[74] Lesnicar A, Marquardt R. An innovative modular multilevel converter topology suitable for a wide power range. Proceedings of IEEE Power Technology Conference, Bologna, Italy, 2003: 24-26.

[75] Glinka M. Prototype of multiphase modular multilevel converter with 2MW power rating and 17-level-output-voltage. Proceedings of Power Electronics Specialists Conference, Aachen, Germany, 2004: 2572-2576.

[76] Rohner S, Bemet S, Hiller M, et al. Modulation, losses, and semiconductor requirements of modular multilevel converters. IEEE Transactions on Industrial Electronics, 2010, 57(8): 2634-2642.

[77] 李强, 贺之渊, 汤广福. 新型模块化多电平换流器空间矢量脉宽调制方法. 电力系统自动化, 2010, 34(22): 76-79, 123.

[78] 李强, 贺之渊, 汤广福, 等. 新型模块化多电平换流器空间矢量脉宽调制的通用算法. 电网技术, 2011, 35(5): 59-64.

[79] 管敏渊, 徐政, 潘伟勇, 等. 最近电平逼近调制的基波谐波特性解析计算. 高电压技术, 2010, 36(5): 1327-1332.

[80] 管敏渊, 徐政, 屠卿瑞, 等. 模块化多电平换流器型直流输电的调制策略. 电力系统自动化, 2010, 34(2): 47-52.

[81] Li Z, Li Y, Wang P, et al. An improved pulse width modulation method for chopper-cell based modular multilevel converters. IEEE Transactions on Power Electronics, 2012, 27(8): 3472-3481.

[82] Munch P, Liu S, Dommaschk M. Modeling and current control of modular multilevel converters considering actuator and sensor delays. Proceedings of the 35th Annual Conference of the IEEE Industrial Electronics Society, Porto, Portugal, 2009: 1634-1638.

[83] Munch P, Liu S, Ebner G. Multivariable current control of modular multilevel converters with disturbance rejection and harmonics compensation. Proceedings of 2010 IEEE International Conference on Control Applications, Yokohama, Japan, 2010: 197-201.

[84] 赵昕, 赵成勇, 李广凯, 等. 采用载波移相技术的模块化多电平换流器电容电压平衡控制. 中国电机工程学报, 2011, 31(21): 47-55.

[85] 杨晓峰, 孙浩, 支刚, 等. 模块组合型多电平变换器的控制策略. 北京交通大学学报, 2011, 35(2): 127-132.

[86] 王晓鹏, 杨晓峰, 范文宝, 等. 模块组合多电平变换器的脉冲调制方案对比. 电工技术学报, 2011, 26(5): 27-33.

[87] Ilves K, Antonopoulos A, Norrga S, et al. A new modulation method for the modular multilevel converter allowing fundamental switching frequency. IEEE Transactions on Power Electronics, 2012, 27(8): 3482 - 3494.

[88] 丁冠军, 丁明, 汤广福, 等. 新型多电平 VSC 子模块电容参数与均压策略. 中国电机工程学报, 2009, 29(30): 1-6.

[89] Ingars S, Leonids R. Voltage monitoring on capacitor of modular multilevel converter. Scientific Journal of Riga Technical University, 2009, 25(25): 146-150.

[90] Ilves K, Antonopoulos A, Norrga S, et al. Steady-state analysis of interaction between harmonic components of arm and line quantities of modular multilevel converters. IEEE Transactions on Power Electronics, 2012, 27(1): 57-68.

[91] Gemmell B, Dorn J, Retzmann D, et al. Prospects of multilevel VSC technologies for power transmission. Proceedings of IEEE PES Transmission and Distribution Conference and Exposition, Bogotá, Colombia, 2008: 1-16.

[92] Glinka M, Marquardt R. A new AC/AC multilevel converter family. IEEE Transactions on Industrial Electronics, 2005, 52(3): 662-669.

[93] Amankwah E K, Clare J C, Wheeler P W, et al. Multi carrier PWM of the modular multilevel VSC for medium voltage applications. Proceedings of 2012 Twenty-Seventh Annual IEEE Applied Power Electronics Conference and Exposition, 2012: 2397-2406.

[94] Hagowara M, Akagi H. Control and experiment of pulse width-modulated modular multilevel converters. IEEE Transactions on Power Electronics, 2009, 24(7): 1737-1749.

[95] Antonopoulos A, Angquist L, Nee H P. On dynamics and voltage control of the modular multilevel converter. Proceedings of European Power Electronics and Applications Conference, Barcelona, Spain, 2009: 1-10.

[96] Angquist L, Antonopoulos A, Siemaszko D, et al. Inner control of modular multilevel converters—an approach using open-loop estimation of stored energy. Proceedings of 2010 International Power Electronics Conference, Sapporo, Japan, 2010: 1579-1585.

[97] Siemaszko D, Antonopoulos A, Ilves K. Evaluation of control and modulation methods for modular

multilevel converters. Proceedings of 2010 International Power Electronics Conference, Sapporo, Japan, 2010: 747-753.

[98] Wang K, Li Y D, Zheng Z D. Voltage balancing control and experiments of a novel modular multilevel converter. Proceedings of 2010 IEEE Energy Conversion Congress and Exposition, Atlanta, America, 2010: 3691-3696.

[99] 管敏渊, 徐政. MMC 型 VSC-HVDC 系统电容电压的优化平衡控制. 中国电机工程学报, 2011, 31(12): 9-14.

[100] 屠卿瑞, 徐政, 郑翔. 一种优化的模块化多电平换流器电压均衡控制方法. 电工技术学报, 2011, 26(5): 16-20.

[101] 王奎, 郑泽东, 李永东. 新型模块化多电平变换器电容电压波动规律及抑制方法. 电工技术学报, 2011, 26(5): 7-14.

[102] 孔明, 邱宇峰, 贺之渊, 等. 模块化多电平式柔性直流输电换流器的预充电控制策略. 电网技术, 2011, 35(11): 67-73.

[103] 徐政, 屠卿瑞, 翁华, 等. 无需辅助直流电源的三相模块化多电平换流器启动方法: 中国, 201010141636. X[P]. 2010-05-07.

[104] 屠卿瑞, 徐政, 郑翔, 等. 模块化多电平换流器型直流输电内部环流机理分析. 高电压技术, 2010, 36(2): 547-552.

[105] 屠卿瑞, 徐政, 管敏渊, 等. 模块化多电平换流器环流抑制控制器设计. 电力系统自动化, 2010, 34(18): 57-61, 83.

[106] 罗湘, 汤广福, 查鲲鹏, 等. 电压源换流器高压直流输电换流阀的试验方法. 电网技术, 2010, 34(5): 26-29.

[107] 罗湘, 汤广福, 查鲲鹏, 等. 合成试验方法在VSC-HVDC换流阀短路电流试验中的应用. 电网技术, 2010, 34(7): 9-13.

[108] 罗湘, 郑健超, 汤广福, 等. 可关断器件阀运行试验的等效性及稳态试验方法. 中国电机工程学报, 2011, 31(3): 1-7.

[109] 刘隽, 贺之渊, 何维国, 等. 基于模块化多电平变流器的柔性直流输电技术. 电力与能源, 2011, 1(1): 34-38.

[110] 郭家虎, 廖其艳. 基于 MMC 的轻型高压直流输电系统的建模与控制. 工矿自动化, 2011, (10): 35-38.

[111] 谭玉茹, 苏建徽. 模块化多电平换流器装置级控制器的设计. 低压电器, 2011, (17): 27-31.

[112] Li K, Zhao C Y. New technologies of modular multilevel converter for VSC-HVDC application. Proceedings of Asia-Pacific Power and Energy Engineering Conference, Chengdu, China, 2010.

[113] Teeuwsen S. Simplified dynamic model of a voltage-sourced converter with modular multilevel converter design. Proceedings of IEEE PES Power Systems Conference and Exposition, Seattle, America, 2009: 1-6.

[114] 刘钟淇, 宋强, 刘文华. 基于模块化多电平变流器的轻型直流输电系统. 电力系统自动化, 2010, 34(2): 54-58.

[115] 郭捷, 江道灼, 周月宾, 等. 交直流侧电流分别可控的模块化多电平换流器控制方法. 电力系统自动化, 2011, 35(7): 42-47 .

[116]赵岩, 胡学浩, 汤广福, 等. 含模块化多电平变流器的分布式发电系统动态特性分析. 电网技术, 2011, 35(7): 42-47.

[117] 管敏渊, 徐政. 模块化多电平换流器子模块故障特性和冗余保护. 电力系统自动化, 2011, 35(16): 95-98, 104.

[118] 赵成勇, 陈晓芳, 曹春刚, 等. 模块化多电平换流器HVDC直流侧故障控制保护策略. 电力系统自动化, 2011, 35(23): 82-87.

[119] 王姗姗, 周孝信, 汤广福, 等. 交流电网强度对模块化多电平换流器HVDC运行特性的影响. 电网技术, 2011, 35(2): 17-24.

[120] 刘钟淇, 宋强, 刘文华. 采用MMC变流器的VSC-HVDC系统故障态研究. 电力电子技术, 2010, 44(9): 69-71.

[121] Saeedifard M, Iravani R. Dynamic performance of a modular multilevel back-to-back HVDC system. IEEE Transactions on Power Delivery, 2010, 25(4): 2904-2912.

[122] 王姗姗, 周孝信, 汤广福, 等. 模块化多电平换流器HVDC直流双极短路子模块过电流分析. 中国电机工程学报, 2010, 31(1): 1-7.

[123] Adam G P, Anaya-lara O, Burt G, et al. Comparison between two VSC-HVDC transmission technologies: modular and neutral point clamped multilevel converter. Proceedings of the 35th Annual Conference of the IEEE Industrial Electronics Society, Porto, Portugal, 2009: 277-282.

[124] Adam G P, Anaya-lara O, Burt G. Multi-terminal DC transmission system based on modular multilevel converter. Proceedings of the 44th International Universities Power Engineering Conference, Glasgow, Scotland, UK, 2009: 1-5.

[125] Allebrod S, Hamerski R, Marquardt R. New transformerless, scalable modular multilevel converters for HVDC transmission. Proceedings of the 39th IEEE Annual Power Electronics Specialists Conference. Rhodes, Greece, 2008: 175-179.

[126] Zhang X. Multiterminal voltage-sourced converter-based HVDC models for power flow analysis. IEEE Transactions on Power Systems, 2004, 19(4): 1877-1884.

[127] Wei Y, He Q, Sun Y, et al. Improved power flow algorithm for VSC-HVDC system based on high-order Newton-type method. Mathematical Problems in Engineering, 2013. doi:10. 1155/2013/235316.

[128] Mobarak Y A. Modified load flow analysis for integrated AC/DC power systems. Proceedings of the 12th International Middle-East Power System Conference, 2008: 402-405.

[129] 刘崇茹, 张伯明. 交直流混合系统潮流算法改进及其鲁棒性分析. 中国电机工程学报, 2009, 29(19): 57-62.

[130] 陈谦, 唐国庆, 王浔. 多端 VSC-HVDC 系统交直流潮流计算. 电力自动化设备, 2005, 25(6): 1-6.

[131] 郑超, 盛灿辉. 含 VSC-HVDC 的交直流混合系统潮流统一迭代求解算法. 中国电力, 2007, 40(7): 66-69.

[132] 林伟芳, 汤涌, 卜广全. 多馈入交直流系统电压稳定性研究. 电网技术, 2008, 32(11): 7-12.

[133] 张建设, 张尧, 张志朝, 等. 交直流并联系统的电压稳定研究综述. 继电器, 2005, 33(2): 79-84.

[134] 庄慧敏. 基于分岔理论的交直流电力系统电压稳定性分析方法研究[博士学位论文]. 成都: 西南交通大学, 2009.

[135] Carson W T. Power System Voltage Stability. 王伟胜, 译. 北京: 中国电力出版社, 2002.

[136] 韦延方, 卫志农, 孙国强, 等. 基于 VST 的电压稳定分岔分析. 电网技术, 2011, 35 (7): 81-86.

[137] Wei Y, Zheng Z, Sun Y, et al. Voltage stability bifurcation analysis for AC/DC systems with VSC-HVDC. Abstract and Applied Analysis, 2013. doi:10. 1155/2013/387167.

[138] 卫志农, 韦延方, 孙国强. 含 VSC-HVDC 的交直流系统电压稳定静态分析方法: 中国, 201010503301. 8[P]. 2013-03-07.

[139] 原蔚鹏, 张尧. 多馈入直流线路的交直流混合电网静态电压稳定分析. 中国电力, 2006, 39(7): 36-39.

[140] 杨秀, 郎鹏越, 靳希. 高压直流输电系统功率/电压静态稳定性的建模与分析. 华东电力, 2006, 24(3): 10-12.

[141] 徐政. 联于弱交流系统的直流输电特性研究之二——控制方式与电压稳定性. 电网技术, 1997, 21 (3): 1-4.

[142] Pilotto L A S, Szechtman M, Hammad A E. Transient AC voltage related phenomena for HVDC schemes connected to weak AC systems. IEEE Transactions on Power Delivery, 1992, 7(3): 1397-1404.

[143] 欧开建, 荆勇, 任震. 多馈入直流输电系统换流母线电压稳定性评估模型和算法. 电力自动化设备, 2003, 23(9): 25-26.

[144] 胡林献, 陈学允. 崩溃点法交直流联合系统电压稳定性分析. 中国电机工程学报, 1997, 17(6): 396-398.

[145] Canizares C A, Alvarado F L. Point of collapse and continuation method for large AC/DC systems. IEEE Transactions on Power Systems, 1993, 8(1): 1-8.

[146] 顾华成. 连续潮流法交直流联合电力系统静态电压稳定性研究[硕士学位论文]. 哈尔滨: 哈尔滨工业大学, 2003.

[147] 周双喜, 吕佳丽. 直流输电对电压稳定性的影响. 清华大学学报, 1999, 39(3): 5-7.

[148] 张梅. 交直流混合系统电压稳定性分析的研究[硕士学位论文]. 成都: 四川大学, 2006.

[149] Aik D L H, Andersson G. Voltage stability analysis of multi-infeed HVDC system. IEEE Transactions on Power Delivery, 1997, 12(3): 1309-1318.

[150] Aik D L H, Andersson G. Use of participation factors in modal voltage stability analysis of multi-infeed HVDC system. IEEE Transactions On Power Delivery, 1998, 13(1): 204-211.

[151] 张飚. 基于特征结构法的交直流系统电压稳定性评估[硕士学位论文]. 南宁: 广西大学, 2006.
[152] 刘明波, 程劲晖, 程莹. 交直流并联电力系统动态电压稳定性分析. 电力系统及其自动化, 1999, 23(16): 27-30.
[153] 吴杰康, 张腾, 陈国通. 运用特征值法确定交直流系统电压失稳区. 继电器, 2006, 34(7): 27-31.
[154] 荆勇. 交直流并联系统相互作用和运行安全特性的研究[博士学位论文]. 广州: 华南理工大学, 2003.
[155] 中国南方电网公司. 交直流电力系统仿真技术. 北京: 中国电力出版社, 2006.
[156] Denis L H A, Andersson G. Quasi-static stability of HVDC systems considering dynamic effects of synchronous machines and excitation voltage control. IEEE Transactions on Power Delivery, 2006, 21(3): 1501-1514.
[157] Canizares C A. Voltage Collapse and Transient Energy Function Analysis of AC/DC Systems. Madison: University of Wisconsin Madison, 1991.
[158] 彭志炜, 胡国根, 韩祯祥. 基于分岔理论的电力系统电压稳定性分析. 北京: 中国电力出版社, 2004.
[159] Aik D L H, Andersson G. Nonlinear dynamics in HVDC systems. IEEE Transactions on Power Delivery, 1999, 14(4): 1417-1426
[160] Padiyar Kr, Rao Ss. Dynamic analysis of voltage instability in AC/DC system. Electrical Power & Energy Systems, 1996, 18(1): 11-18.
[161] 庄慧敏, 肖建. 交直流系统电压稳定性的 Hopf 分岔分析. 高电压技术, 2009, 35(3): 699-704.
[162] 潭涛亮. 基于改进连续潮流法及分岔理论的交直流系统电压稳定研究[博士学位论文]. 广州: 华南理工大学, 2011.
[163] Prabha Kundur. Power System Stability and Control. New York: McGraw-Hill , 2001.

第 2 章　MMC-HVDC 的运行机理与等效模型

2.1　引　　言

自 20 世纪 90 年代提出 VSC-HVDC 概念至今，VSC-HVDC 在理论研究和实际工程上取得了很多重要成果，积累了丰富的工程实践经验。由于 VSC-HVDC 是基于 IGBT 等全控型电力电子器件组成的新技术，克服了传统 HVDC 系统的诸多缺陷，例如由晶闸管自身无法关断电流带来的换相失败等，所以大大改善了直流输电的运行特性和系统可靠性。随着资源、能源的紧缺和环境的持续恶化等问题的日益严重，风能、光伏、太阳能等可再生能源与分布式电源的蓬勃发展，VSC-HVDC 技术的重要性益发突出。

目前，基于 2 电平、3 电平等 VSC 拓扑的 VSC-HVDC 获得了广泛的应用。但是，随着 VSC 理论研究的逐步深入和工程实践的持续开展，基于 2 电平或 3 电平拓扑的 VSC-HVDC 自身一些固有的缺点也逐渐凸显出来，如电磁干扰、动态均压、开关频率高、电压等级低等，限制了其在直流输电的进一步应用。为此，一种新颖的采用多个子模块串联组成的 MMC 拓扑逐渐进入人们的视野，由于其在一定程度上克服了 2 电平或 3 电平拓扑 VSC-HVDC 的诸多缺陷，目前获得了国内外学者和工程技术人员的高度关注。本章将对 MMC-HVDC 的运行机理、控制方式和等效模型进行详细阐述。

2.2　MMC-HVDC 的基本机理

2.2.1　MMC 的基本概念

目前，多电平换流器在众多领域已经获得了成功的商业化应用，广泛适用于各种工业场合，如泵机、压缩机、轧机、设备加工、设备传送、无功补偿、HVDC 输电、风能转换、工业拖动等，图 2-1 为多电平换流器的分类示意图[1]。

MMC 作为多电平结构的一种，从结构上分为 4 大类结构[2-4]：星型（star-configured）、三角型（delta-configured）、双星型（double-star-configured）、Dual 型。

图 2-2 为星型和三角型拓扑示意图。图 2-2 的 2 种结构都没有公共的直流端，不适用于需要公共直流侧的应用领域。

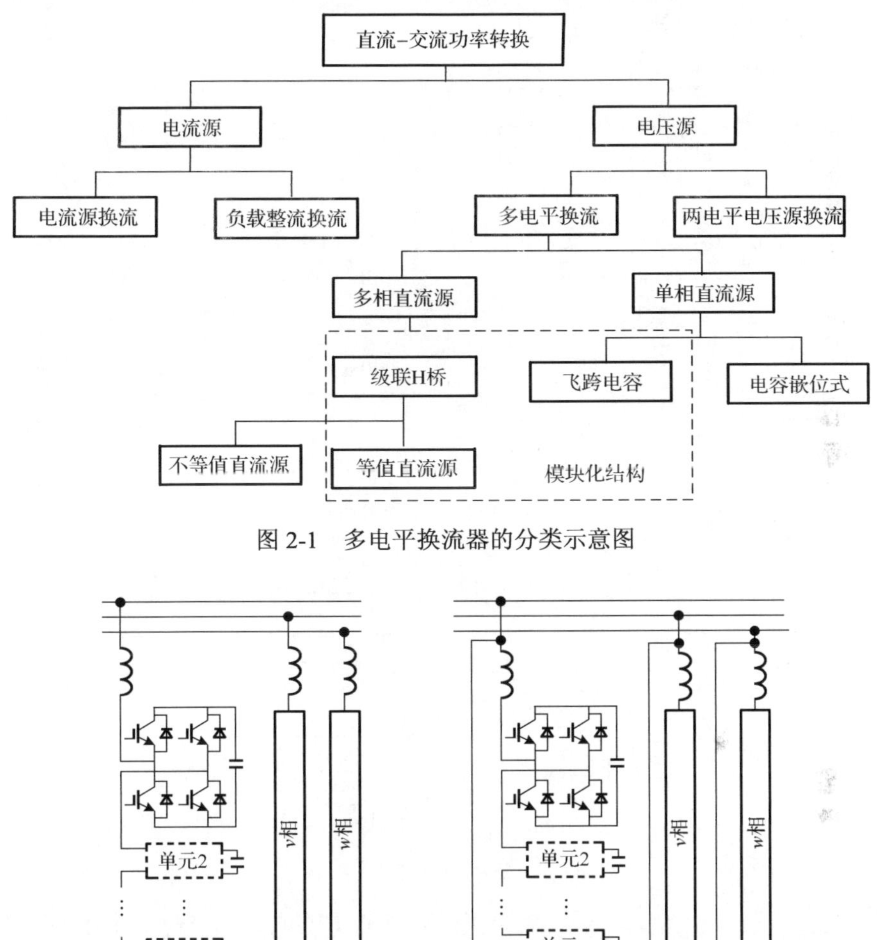

图 2-1　多电平换流器的分类示意图

(a) 星型结构　　(b) 三角型结构

图 2-2　星型、三角型结构示意图

图 2-3 为双星型拓扑，该结构又分为 2 类：半桥结构（图 2-3(b)）和全桥结构（图 2-3(c)）。图 2-3 所示拓扑的模块化程度较高，并且各个子模块可以互为备用，具有冗余的特点。图 2-3(b)所示的半桥型可以运行在整流和逆变工况，图 2-3(c)所示的全桥型可以运行在四象限工况，2 种结构均具有公共的直流端，适合用于 HVDC 输电的领域。

图 2-4 为 Dual 结构拓扑，也是一种半桥型结构，特别适用于低电压、大电流功率转换领域。图 2-4 中，R、L、C 分别表示电阻、电感、电容。

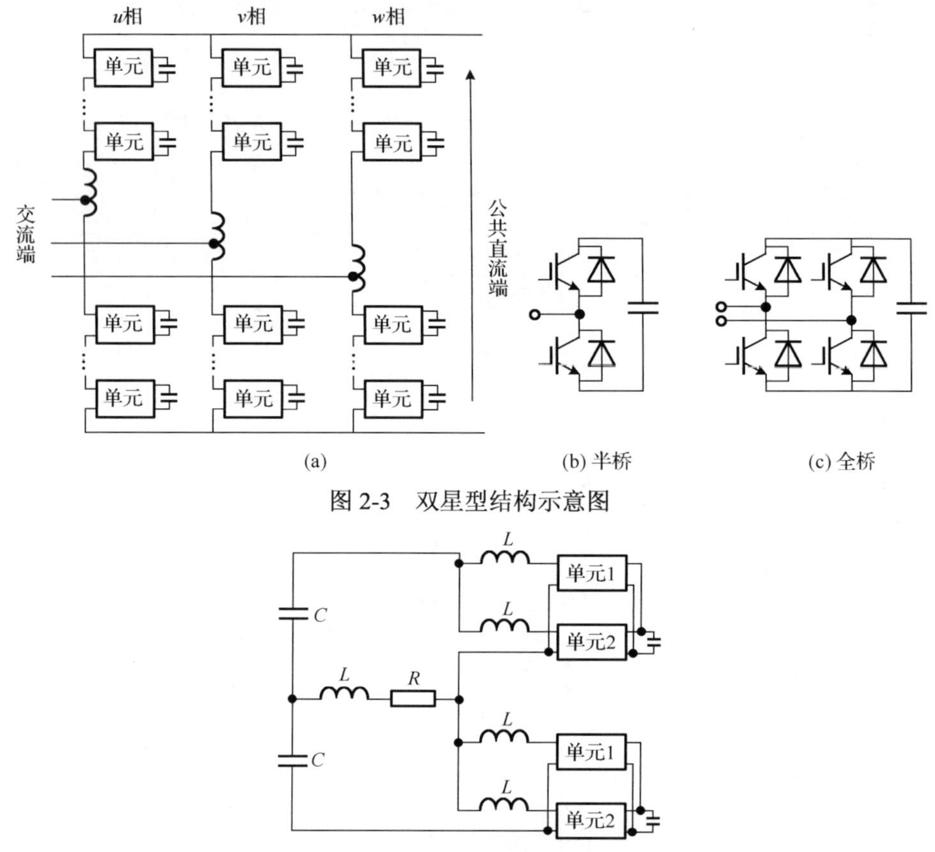

图 2-3　双星型结构示意图

图 2-4　Dual 型结构示意图

由于“模块化”和“多电平”概念无法包含确切的拓扑信息，“多电平换流器”也仅是一个通用的称谓，对于由一系列功率半导体开关器件级联所组成的换流器，称其为“级联多电平换流器”或“模块化多电平换流器”都是合适的，然而这对缺少电力电子技术相关学科知识的部分读者而言，难以对二者加以区别，甚至会引起不必要的误解。综上所述，本章对上述 4 种不同结构的 MMC 从拓扑类型、技术特点和适用场合等方面进行了对比分析[5, 6]，如表 2-1 所示。

表 2-1　MMC 的拓扑分类

拓扑类型		技术特点与适用场合
双星型	半桥	有公共直流端，可以工作在整流和逆变状态，适用于 HVDC 输电等 AC/DC、DC/AC 功率转换的场合
	全桥	有公共直流端，可以实现四象限运行，适用于 HVDC 输电等 AC/DC、DC/AC 功率转换的场合
星型		无公共直流端，适于 STATCOM 等需要无功补偿或储能系统的场合
三角型		无公共直流端，适于 STATCOM 等需要无功补偿或储能系统的场合
Dual 型		适于低压大电流功率转换的场合

对于表 2-1 中半桥结构的 MMC，相比于传统的 2 电平和 3 电平的 VSC-HVDC 换流器拓扑，其优势比较明显，详述如下[7-14]。

（1）MMC 的输出波形非常平滑，接近于标准的正弦电压，从而可节省系统谐波抑制设备的投资，有利于简化系统的接线和电网设备的运行维护。

（2）MMC 每相子模块的串联、冗余设计，可合成输出所期望的电压等级，而无需 IGBT 器件的直接串联，避免了 2 电平结构中器件串联所带来的静态、动态均压问题。

（3）MMC 采用模块化结构设计，模块之间相互独立，不需同时导通，从而降低了桥臂电压和电流的变化率，使开关器件承受的应力大为下降，同时输出电压的各次谐波含有率和总电压畸变率大为减少，降低了大容量交流滤波装置的需求，容易满足电磁兼容指标。

（4）MMC 较多的电平数使单个器件的开关频率相对较低（仅为 150Hz 左右），只有基波频率的 3 倍左右，这为 MMC 在较大容量场合中的应用创造了有利条件。

（5）由于在直流侧无需安装高压电容器组，且桥臂上的电抗 L 与分布式的储能电容器串联，可以使 MMC 在内部或外部故障下的浪涌电流被限制在较低的水平，从而为保护设备赢得了更多的动作时间。

（6）具有较强的故障管理能力。利用 MMC 子模块的冗余特点，当直流母线侧发生短路故障时，可由同一桥臂的冗余子模块代替故障的子模块，该替换过程的实现无需机械开关，增强了系统的可靠性；并且在系统发生严重故障时，可将冲击电流限制在较低的上升水平。

（7）可通过增减接入 MMC 的子模块数量来满足不同的电压等级和功率等级的需求，易于扩展到任意电平的输出，从而使容量升级更为容易。

（8）MMC 模块化程度高，开关器件数量不会随电平数的增加而呈非线性增长，且可充分利用标准化的工业器件（如标准化的电容器等），利于集成化、减少成本和提高系统的可靠性，从而使 MMC-HVDC 的设计更为简单，生产、安装和调试等周期大为缩短。

（9）在直流侧无需安装高压电容器组。

综上所述，表 2-1 中半桥结构的 MMC 特别适合于 HVDC 的工程应用。本章旨在分析这种适用于 HVDC 领域的 MMC 拓扑，而对其余拓扑类型的 MMC 本章不作详细分析，有兴趣的读者可参阅相关文献[5]和[15]，如无特殊说明，本章中的 MMC 专指表 2-1 中的半桥结构。

2.2.2 MMC 的基本原理

对前面所述 MMC 半桥结构（图 2-3），其详细的三相（A 相、B 相、C 相）拓扑如图 2-5 所示，图中 MMC 由一系列的子模块（Sub-Module，SM）串联组成。由图 2-5 可知，每个 MMC 有 6 个桥臂，MMC 每相单元共有 $2n$ 个 SM，上、下桥臂各由 n 个相同的 SM 和一个电抗 L 串联组成，U_d 为直流侧电压。单个 SM 结构如图 2-6 所示，由上、下 2 个 IGBT（图 2-6 中的 S_1、S_2）和直流存储电容 C 组成，D_1、D_2 为反并联二极管，U_{SM} 为稳态运行时 SM 的输出电压，U_C 为 SM 电容电压。基于模块化设计和实际生产的需要，图 2-5 中 MMC 的各 SM 的额定值相同，桥臂中的 6 个电抗 L 也相同，L 的主要作用是抑制桥臂间的内部环流和降低换流器故障时的电流上升率。

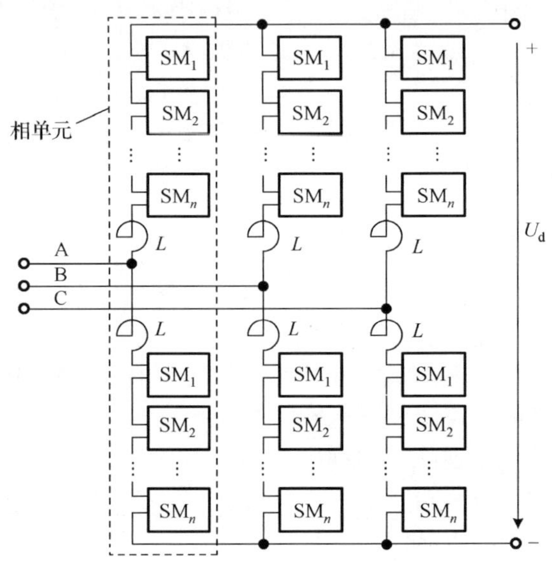

图 2-5　MMC 的拓扑结构示意图

MMC 每相的 $2n$ 个 SM 最多可以输出 $2n+1$ 种电平，三相总共有 $(2n+1)^3$ 种电平输出状态，每种电平状态对应一个输出电压。当某一个输出的电压有偶（奇）数个冗余量时，称为偶（奇）冗余。SM 开断的作用类似于图 2-7 中的开关 K，图 2-7 为 SM 的简化示意图。

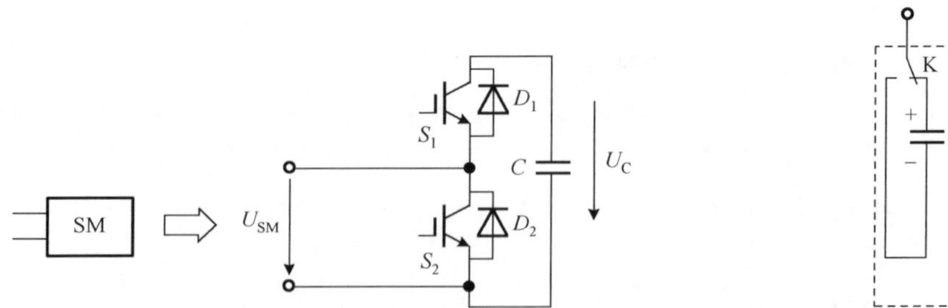

图 2-6　MMC 的单个 SM 拓扑结构示意图　　图 2-7　SM 的开关特性示意图

如上所述，MMC 中的 SM 共有 6 种运行状态，如表 2-2 所示。

表 2-2　SM 的开关状态

器件与参数	SM 的 6 种开关状态					
	1	2	3	4	5	6
S_1	关闭	关闭	导通	导通	关闭	关闭
S_2	关闭	关闭	关闭	关闭	导通	导通
D_1	导通	断开	导通	断开	断开	断开
D_2	断开	导通	断开	断开	断开	导通
C	充电	旁路	充电	放电	旁路	旁路
U_{SM}	U_C	0	U_C	$-U_C$	0	0

对应于表 2-2 中的 SM 状态，SM 有以下 3 种工作方式：S_1、S_2关闭；S_1导通、S_2关闭；S_1关闭、S_2导通，如图 2-8 所示。

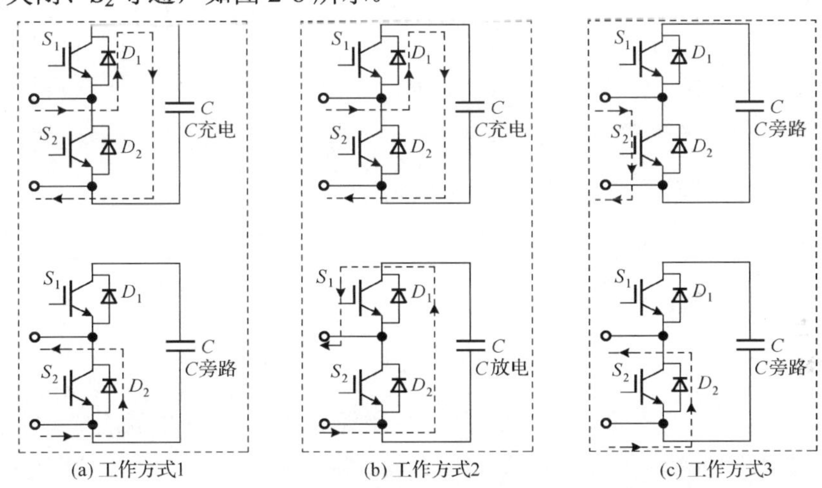

图 2-8　SM 的三种开关特性示意图

工作方式 1：S_1、S_2关闭。此时电流流过 D_1对 C 进行充电，或电流流过 D_2使 C 旁路，电流可以实现双向流动。此时一般为 MMC 的非正常运行状态，如直流侧发生短路故障等，对应表 2-2 中的状态 1 和 2。

工作方式 2：S_1导通、S_2关闭。此时电流流过 D_1对 C 进行充电，或电流流过 S_1对 C 进行放电，电流同样可以实现双向流动，属于 MMC 正常的运行状态，对应表 2-2 中的状态 3 和 4。

工作方式 3：S_1关闭、S_2导通。对应表 2-2 中的状态 5 和 6，此时电流流过 S_2或 D_2，电流可以实现双向流动，这两种状态中 C 相当于旁路，对 SM 的电容电压没有影响，属于 MMC 正常运行状态，对 SM 的冗余设计具有积极意义。

以下具体来分析 MMC 的输出电压波形[16]。

为分析方便，以 5 电平拓扑为例。对 5 电平拓扑，每个相单元由 8 个 SM 组成，上下桥臂分别为 4 个 SM，如图 2-9 所示。

借助图 2-9 来分析模块化多电平换流器的工作原理，图中实线代表上桥臂电压，虚线代表下桥臂电压，而加粗的点线代表总的直流侧电压。由图示可以清楚地看到，输出电压和直流侧电压以及子模块电容电压之间的关系[16]。

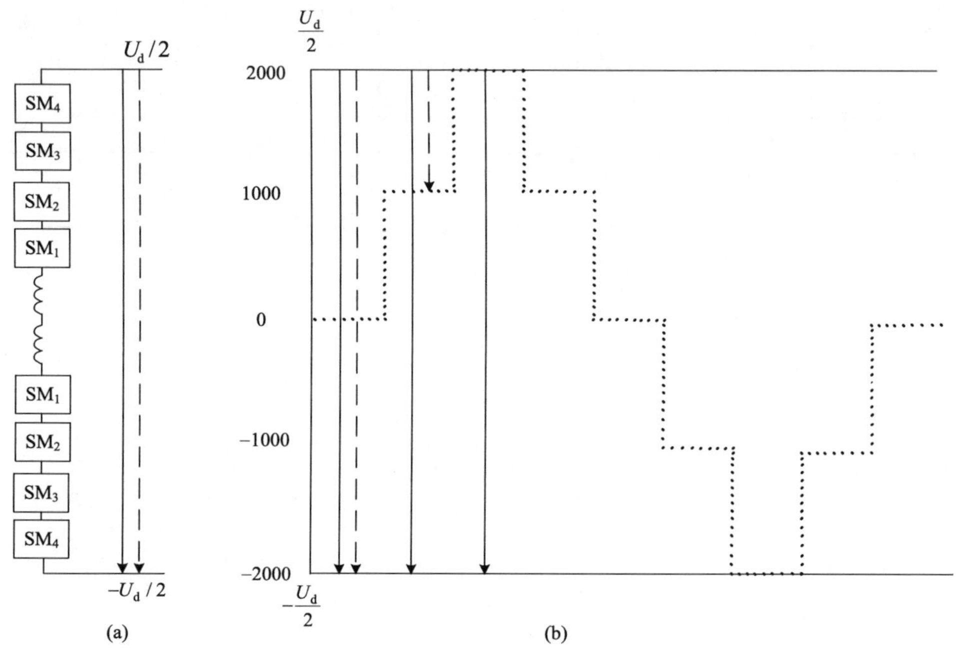

图 2-9　5 电平 MMC 工作原理

在不考虑冗余的情况下，若 MMC 每个相单元有 $2n$ 个 SM 串联组成，则上下桥臂分别有 n 个 SM，可以构成 n+1 个电平。若任一瞬时每个相单元投入的 SM 数目为 n，则 SM 导通的个数必须满足 M 与 X 的和等于 n 的关系，在此，M 为上桥臂投入的 SM 个数，X 为下桥臂投入的 SM 个数。假设每个 SM 电容电压维持均衡，则系统的直流侧电压和每个 SM 的电容电压之间的关系为[16]

$$U_C=\frac{U_d}{M+X}=\frac{U_d}{n}\tag{2-1}$$

比如假设直流侧电压为 U_d=4000V，n=4，则每个 SM 的电容电压应限制为[16]

$$U_C=\frac{4000}{4}=1000\text{V}\tag{2-2}$$

当 M=0，X=4 时，表示上桥臂所有 SM 被切除（上开关管 S_1 关闭、S_2 导通），下桥臂所有 SM 为投入（S_1 导通、S_2 关闭），则交流侧输出电压为 2000V；当 M=1，X=3 时，上桥臂有 1 个 SM 投入，下桥臂有 3 个，交流电压输出为 1000V；当 M=2，X=2 时，上桥臂有 2 个 SM 投入，下桥臂有 2 个，交流电压输出为 0V；当 M=3，X=1 时，上桥臂有 3 个 SM 投入，下桥臂有 1 个，交流电压输出为−1000V；当 M=4，X=0 时，上桥臂有 4 个 SM 投入，下桥臂有 0 个，交流电压输出为–2000V；当电平数增加时，其工作原理与 5 电平类似。以上分析可知，任一瞬时，对同一相，当上桥臂有一个 SM 被切除时，下桥臂就必须相应有一个 SM 投入，反之亦然[16]。

由于上下桥臂的开关器件的状态有严格的对称性，因此控制策略也是对称的。由以上分析可知，随着 SM 数量的增多，其电平数越多，交流侧输出电压就越接近于正弦波[16]。

由以上分析可知，从交流侧看，由于每相上、下桥臂所有 SM 串联在一起，通过适当控制 SM 的开断的数量，可实现对换流器输出电压的调节，输出近似正弦的电平，从而合成所期望的输出电压，该输出电压是所有 SM 输出电平的代数和。因而，通过灵活调节各相桥臂中 SM 的数量，可在交流和直流侧输出所期望的电压和功率等级。

MMC 拓扑中的电抗器 L 具有以下几个功能[17, 18]。

（1）因 MMC 的三相桥臂并联在正、负母线之间，若稳态运行时各相桥臂所产生的直流电压不相等，将导致各相间能量分配的失衡，使得桥臂之间产生环流。而各相桥臂通过 L 直接串接，可有效抑制此环流，将其限定在较低的水平，并可以采用合适的控制方式对其加以管理。

（2）L 串联在上、下桥臂之间，可以有效降低 MMC 内部或外部故障所带来的不良影响，比如在一些较严重的直流母线短路故障情况下，L 可有效抑制交流冲击电流，使得直流侧每微秒电流上升率仅在数十安培的范围之内，从而使 IGBT 在较低的过电流水平下关断，有利于提高系统的可靠性。

（3）部分接口电抗来自于加装的电抗器 L[17]。

2.2.3　MMC-HVDC 系统的构成

MMC-HVDC 概念最先由西门子公司提出并加以实现，与采用相控换流器技术的传统 HVDC 或 VSC 技术的 VSC-HVDC 系统相比，最大的不同之处在于其采用 MMC 技术进行直流功率的传输。图 2-10 为 MMC-HVDC 系统的单线图，该系统由两端背靠背换流站及直流线路组成，送端和受端换流器均采用 MMC 拓扑，2 个换流器具有相同的结构，如图 2-10 所示[5]。

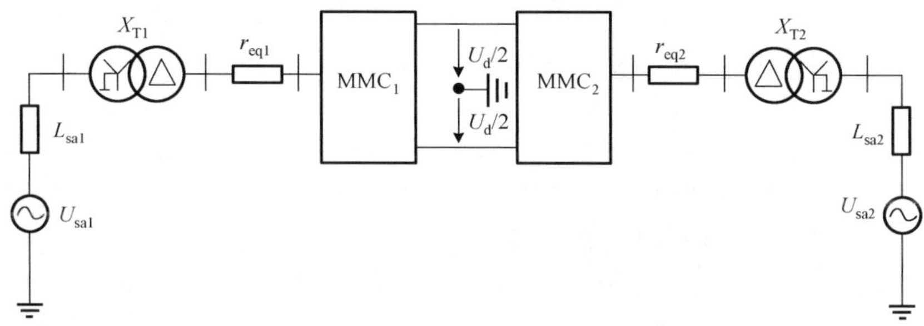

图 2-10　MMC-HVDC 系统单线图

图 2-10 中 MMC 通过三相变压器与交流系统连接，连接变压器用等值电感 X_T 表示，交流系统由等值电源 U_{sa} 和等值电感 L_{sa} 表示，换流站损耗用 r_{eq} 表示，直流侧电压用 U_d 表示。每个 MMC 的同步控制信号由对应的变压器低压侧母线获得。

2.3　MMC-HVDC 的稳态运行特性

由于 VSC-HVDC 系统和 MMC-HVDC 系统的运行特性本质的不同在于二者换流器拓扑的不同，因而本节首先简要阐述 VSC-HVDC 系统的运行特性，在此基础上分析 MMC-HVDC 系统的运行特性。

2.3.1　VSC-HVDC 系统的运行特性

首先分析基于 2 电平 VSC 拓扑的控制特性，以图 2-11 所示为例，设定其工作在逆变方式。

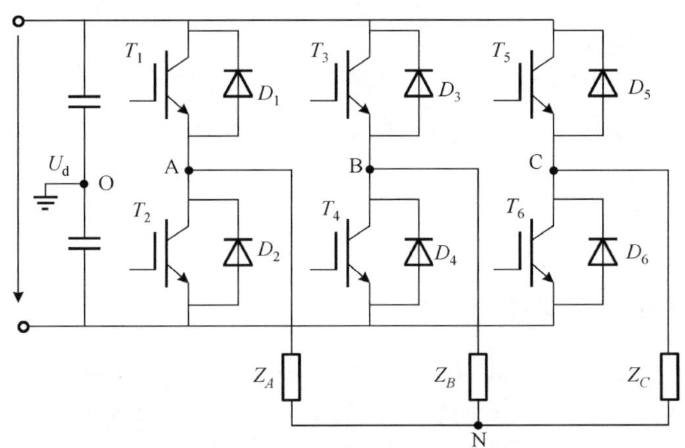

图 2-11　基于 IGBT 的 VSC 结构

如图 2-11 所示，理想情况下输出电压的波形完全取决于 IGBT 的控制信号。当采用 SPWM 方式时，VSC 输出波形如图 2-12 所示。

图中，u_{ma}、u_{mb}、u_{mc} 是逆变器所希望输出的对称三相正弦电压波形，U_c 为等腰三角形载波，根据调制规则，若产生图 2-12 所示 A 相 T_1 管的控制脉冲为 u_{G1}，B 相和 C 相脉冲则应该分别滞后 A 相脉冲 $2\pi/3$ 和 $4\pi/3$ 角度。VSC 三相输出端（A、B、C）相对于直流环节中点 O 的相电压波形分别如图 2-12 中 u_{AO}、u_{BO}、u_{CO} 所示。三相之间线电压波形可以通过将相应两相相电压相减得到，图 2-12 中仅给出了线电压 u_{AB}，而 u_{BC} 与 u_{CA} 分别滞后于其 $2\pi/3$ 和 $4\pi/3$ 角度。

假设调制波的幅值为 U_m，频率为 ω_m，三角载波的幅值为 U_c，频率为 ω_c，当直

流侧电压为 U_d 保持恒定时，对逆变器输出电压 u_{AB} 进行傅里叶分析可得其基波分量 u_{AB1} 为

$$u_{AB1}=\frac{\sqrt{3}}{2}\frac{U_m}{U_c}U_d\cos\left(\omega_m t-\frac{\pi}{3}-\psi\right)=\frac{\sqrt{3}}{2}MU_d\cos\left(\omega_m t-\frac{\pi}{3}-\psi\right) \tag{2-3}$$

式中，ψ 为 A 相调制信号的初相位角，$M=U_m/U_c$ 称为调制度。

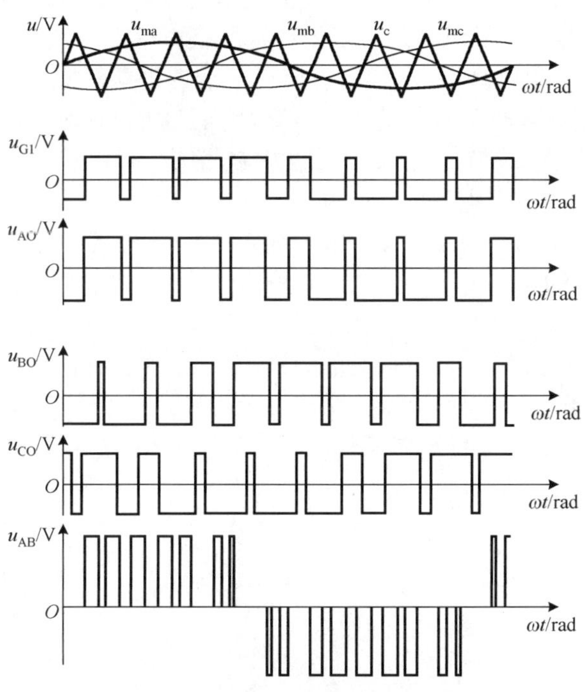

图 2-12　三相 SPWM 输出电压波形

将式（2-3）中的 ψ 分别用 $\psi-\frac{2\pi}{3}$ 和 $\psi-\frac{4\pi}{3}$ 替换，则可以得到其余两相线电压的基波分量表达式。式（2-3）描述了 VSC 稳态工作的基波特性，当直流电压 U_d 保持不变时，改变调制波信号的幅值 U_m，即改变调制度 M（通常 $0\leqslant M\leqslant 1$），VSC 输出电压的基波幅值就会按比例同时进行变化；同时，改变调制波的初相位角 ψ 就可以改变 VSC 输出电压的相位角，并且幅值和相位的改变互相独立，互不影响。

2.3.2　MMC-HVDC 系统的运行特性

上述 2 电平的 VSC 拓扑由于受 IGBT 等开关器件承受功率、电压的限制，容量升级困难，一定程度上限制了其在 HVDC 输电等高压、大功率场合的应用，而 MMC 经由各相上、下桥臂的 SM 触发控制，使得公共端的电压输出可以线性叠加，从而实现交流系统侧的高电压输出。因而，基于 MMC 的 SM 数量众多的特点，可通过调节导

通的 SM 个数来实现不同的电压、功率等级的需要，易于扩展到较高电平的输出。并且，由于 MMC 的电平数较多，单个器件的开关频率相对较低，一般只有基波频率的 3 倍左右，从而可以采用较低频率的控制方式实现接近于标准的正弦电压的输出。

为分析其工作机理，作如下假设：

（1）忽略所有线路分布电感、分布电容的影响，忽略直流电压和直流电流的波动；

（2）三相调制波相差 120°角，MMC 交流侧母线的三相交流电为对称的正弦交流电；

（3）MMC 本身的运行是对称的（三相结构严格对称、6 个桥臂对称、所有的子模块规格一致、6 个换流电抗规格一致等），所有元器件为理想器件；

（4）MMC 每相任一时刻投入的子模块数相同且固定不变，并且子模块对称互补投入，上、下桥臂共投入 n 个子模块，以维持 U_d 恒定；

（5）所有子模块的电容电压保持平衡。

由 SM 状态分析可知，通过控制 MMC 每相 SM 开关状态，可输出近似正弦的电平，合成输出所期望的电压值，因而 MMC 每相的上、下桥臂可分别用一个理想的可控电压源进行等效替换，即等效的 VSC 阀。可产生单极性的正弦输出电压，其波形范围在 0～U_d[17]，从而可得如图 2-13 所示的 MMC 的等效电路。图中交流系统由等值电源 U_s 和等值电感 L_s 表示，$\dot{I}_{sa}$ 为换流器交流端相电流，$\dot{U}_{a'1}$、$\dot{I}_{a'1}$ 分别为上桥臂电压和电流，$\dot{U}_{a'2}$、$\dot{I}_{a'2}$ 分别为下桥臂电压和电流，$\dot{U}_{a'}$ 为 a' 点的电压，I_d 为直流侧电流，$\dot{I}_c$ 为相单元中的交流环流（2 倍工频）。

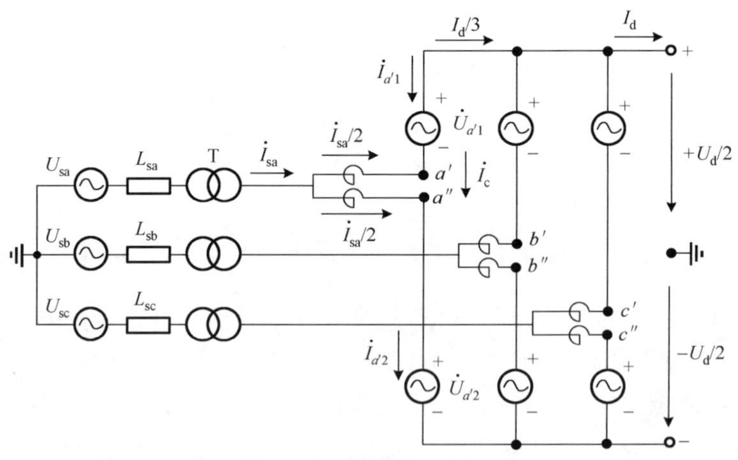

图 2-13　单端 MMC 的简化等效图

由于 MMC 相单元具有严格对称的特性，I_d 在 3 个相单元间均匀分配，即通过每个 MMC 相单元的直流电流为 $I_d/3$，电流流向如图 2-13 所示。又由于上桥臂和下桥臂的换流电抗值一样，从而上、下桥臂近似对称，即流过任一换流电抗的交流电流为相电流 $\dot{I}_{sa}$ 的一半。由以上分析可知

$$\dot{I}_{a'1}=-\dot{I}_{sa}/2-I_d/3+\dot{I}_c \tag{2-4}$$

稳态运行时，直流电流流过 L 时不会引起压降，从而 $\dot{I}_{sa}/2$ 在上、下桥臂中的换流电抗上造成的电压降互相抵消，所以点 a' 与点 a'' 的电压之差为[19]

$$\Delta\dot{U}=\dot{U}_{a'}-\dot{U}_{a''}=-4j\omega L\dot{I}_c \tag{2-5}$$

由换流电抗 L 的作用可知，在 MMC 稳态运行时，由于 L 可有效限制 MMC 相单元中所产生的环流现象，因此 $\Delta\dot{U}$ 的数值较小，一定时间范围内的均值是 0，从而可得

$$\dot{U}_{a'}=\dot{U}_{a''} \tag{2-6}$$

因此，点 a' 和点 a'' 同电位，同样地，点 b' 和点 b''、点 c' 和点 c'' 均为同电位点。

基于电路理论中的平衡桥同电位点理论[19, 20]：同电位点进行短接处理时，既可等效简化电路拓扑，又可不改变电路中的电压和电流关系，因而对图 2-13 中的点 a' 和 a''、b' 和 b''、c' 和 c'' 进行短接，并将短接后并联的电抗化简为单个电抗，从而可以得到图 2-14 所示的单端 MMC 等效电路模型。

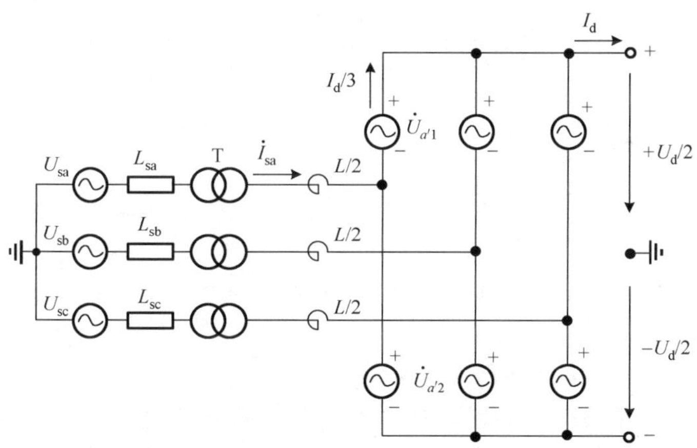

图 2-14　单端 MMC 的等效电路模型

图 2-15 所示为 MMC 的输出波形示意图。由上述分析可知，图 2-14 中 MMC 的 6 个桥臂分别用一个可控电压源等效，任一电压源均为包含一系列离散电平数组成的电压组合。稳态运行时，通过控制电压实现每相电流为直流电流的三分之一，并且使得每相上、下桥臂的电流相等。图 2-15 中的 6 个等效可控电压源的输出通过一定数量的、规格一致且相互独立的可控子模块确定。

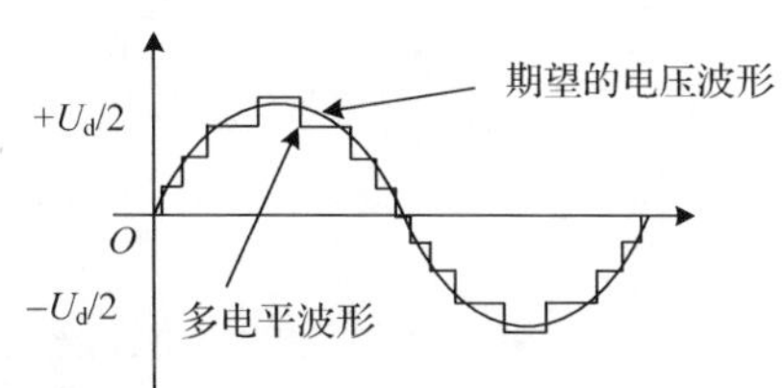

图 2-15　MMC 的输出波形控制示意图

由图 2-15 可知，MMC 能以较低的电压台阶进行电平变化，而传统的 2 电平或 3

电平换流器仅以$+U_d/2$、$-U_d/2$ 两种电平或$+U_d/2$、0、$-U_d/2$ 三种电平变化，变化的幅度及梯度均较高，由此会带来较高的换流器阀应力及高频的电磁干扰、电磁辐射等不利影响。正是由于 MMC 能以低电平台阶逐步实现多电平电压输出，极大降低了电压变化的幅度和梯度，使得开关器件所承受的电压仅为子模块电容电压，较好地抑制了电磁干扰和电磁辐射等不利因素[7]。

2.4　MMC-HVDC 的运行控制方式

由于 MMC 为 VSC 家族中的一员，因而与 VSC-HVDC 类似，MMC-HVDC 系统中，换流站的控制方式根据其控制量性质的不同可以分为 2 大类[21, 22]：有功功率类控制器、无功功率类控制器。

与传统 HVDC 不同，MMC-HVDC 可以对每个 MMC 进行独立控制，其中每个 MMC 可能采用的控制策略如下。

（1）定有功功率控制，直流输送有功功率由 MMC 的功率调节器保持恒定，其数值与整定数值保持一致。

（2）定直流电压控制，直流侧电压由 MMC 的电压调节器保持恒定，其数值与整定数值保持一致。

（3）定直流电流控制，直流侧电流由 MMC 的电流调节器保持恒定，其数值与整定数值保持一致。

（4）定无功功率控制，直流输送无功功率由 MMC 的功率调节器保持恒定，其数值与整定数值保持一致。

（5）定交流电压控制，交流电压幅值由 MMC 的交流电压调节器保持恒定，其数值与整定数值保持一致。

其中，（1）、（2）、（3）属于有功功率类控制器，（4）、（5）属于无功功率类控制器。

在 MMC-HVDC 系统中，直流电压的稳定与否直接关系着系统能否正常运行以及交流侧输出电压的稳定性。如果有功功率发送端的 MMC 从该端交流系统吸收的有功功率大于接受端 MMC 发送到对应端交流系统的有功功率，则直流电压升高，反之降低。因此为了实现这种功率平衡，其中一端 MMC 必须采用定直流电压控制。另外，若直流电压恒定，则直流电流的变化量正比于有功功率的不平衡量，定直流电流控制和定有功功率控制是等效的[23, 24]。综合以上分析，MMC-HVDC 中 MMC 可以选择的控制方式有以下几种：

A．定直流电压、定无功功率控制；

B．定直流电压、定交流电压控制；

C．定有功功率、定无功功率控制；

D．定有功功率、定交流电压控制。

在 MMC-HVDC 系统中，为了保证其正常运行和提高交流侧电压的稳定性，必须对直流电压进行定值控制，因此其中一端 MMC 必须采用控制方式 A 或 B 中的一种。另外一端的控制方式则根据连接的交流网络为有源网络还是无源网络决定，当所连接的是有源网络时，一般采用控制方式 C；当所连接的网络为无源网络时，一般采用控制方式 D。

相比较于传统 2 电平或 3 电平拓扑的 VSC-HVDC，本章首先从 MMC 的基本概念和拓扑着手，详细分析了 MMC-HVDC 的结构组成和稳态运行机理；并基于电路原理中的平衡桥同电位点理论，建立了 MMC-HVDC 的简化等效电路模型，在此基础上分析了稳态条件下 MMC-HVDC 的运行特性和控制方式，为后续的分析提供了必要的理论基础。

2.5　本 章 小 结

作为多电平换流器的一种，MMC 弥补了 VSC 很多技术上的缺陷，MMC-HVDC 系统具有诸多优于 VSC-HVDC 的独特技术优势，但是二者本质的区别在于其拓扑结构的差异。因此，本章从换流器的拓扑入手，对比分析了 MMC-HVDC 系统和 VSC-HVDC 系统的运行特性，通过对 MMC-HVDC 系统中的线路分布电感-电容、直流电压-电流波动、MMC 三相结构（桥臂、子模块规格、换流电抗规格）、MMC 每相任一时刻投入的子模块数、MMC 所有子模块的电容电压等元件和参数的设定分析，基于电路原理中的平衡桥同电位点理论，建立了 MMC-HVDC 的简化等效电路模型，并讨论了 MMC-HVDC 的稳态运行特性和控制方式，为后续的分析提供了必要的理论基础。

参 考 文 献

[1] Rodriguez J, Franquelo L G, Kouro S, et al. Multilevel converters: an enabling technology for high-power applications. Proceedings of the IEEE, 2009, 97(11): 1786-1817.

[2] Hagowara M, Akagi H, Hirofumi S. PWM control and experiment of modular multilevel converters. Power Electronics Specialists Conference, 2008: 154-161.

[3] 于德政. 基于模块化多电平换流器结构的 HVDC Light 系统的研究[硕士学位论文]. 合肥: 合肥工业大学, 2009.

[4] 孙浩. 模块组合多电平变换器(MMC)的控制策略研究[硕士学位论文]. 北京: 北京交通大学, 2010.

[5] Akagi H. Classification, terminology, and application of the modular multilevel cascade converter. Proceedings of 2010 International Power Electronics Conference, Sapporo, Japan, 2010: 508-515.

[6] Ludois D, Venkataramanan G. An examination of AC/HVDC power circuits for interconnecting bulk wind generation with the electric grid. ENERGIES, 2010, 3(6): 1263-1289.

[7] 汤广福. 基于电压源换流器的高压直流输电技术. 北京: 中国电力出版社, 2010.
[8] 徐政, 屠卿瑞, 裘鹏. 从 2010 国际大电网会议看直流输电技术的发展方向. 高电压技术, 2010, 36(12): 3070-3077.
[9] 丁冠军, 丁明, 汤广福. VSC-HVDC 主电路拓扑及其调制策略分析与比较. 电力系统自动化, 2009, 33(10): 64-68.
[10] 屠卿瑞, 徐政, 姚为正. 模块化多电平换流器型直流输电电平数选择研究. 电力系统保护与控制, 2010, 38(20): 33-38, 44.
[11] Lesnicar A, Marquardt R. An innovative modular multilevel converter topology suitable for a wide power range. Proceedings of IEEE Powcr Technology Conference, Bologna, Italy, 2003: 23-26.
[12] 韦延方, 卫志农, 孙国强, 等. 适用于电压源换流器型高压直流输电的模块化多电平换流器最新研究进展. 高电压技术, 2012, 38(5): 1243-1252.
[13] 韦延方, 卫志农, 孙国强, 等. 一种新型的高压直流输电技术——MMC-HVDC. 电力自动化设备, 2012, 32(7): 1-9.
[14] Allebrod S, Hamerski R, Marquardt R. New transformerless, scalable modular multilevel converters for HVDC transmission. Proceedings of the 39th IEEE Annual Power Electronics Specialists Conference, Rhodes, Greece, 2008: 174-179.
[15] Kouro S, Malinowski M, Gopakumar K, et al. Recent advances and industrial applications of multilevel converters. IEEE Transactions on Industrial Electronics, 2010, 57(8): 2553-2580.
[16] 潘伟勇. 模块化多电平直流输电系统控制和保护策略研究[硕士学位论文]. 杭州: 浙江大学, 2012.
[17] 丁冠军, 汤广福, 丁明, 等. 新型多电平电压源换流器模块的拓扑机制与调制策略. 中国电机工程学报, 2009, 29(36): 1-8.
[18] Dorn J, Huang H, Ratamann D. A new multilevel voltage-sourced converter topology for HVDC applications. Proceedings of CIGRE, Paris, 2008.
[19] 管敏渊, 徐政. 模块化多电平换流器型直流输电的建模与控制. 电力系统自动化, 2010, 34(19): 64-68.
[20] 黄冠斌, 孙亲锡, 谭丹. 电路理论 • 电阻性网络. 武汉: 华中科技大学出版社, 2001: 79-80.
[21] 孙国强. 新型直流输电系统状态估计研究[博士学位论文]. 南京: 河海大学, 2010.
[22] 姜燕. 基于 VSC-HVDC 并网风电场的暂态电压稳定性研究[硕士学位论文]. 北京: 华北电力大学, 2010.
[23] 卫志农, 季聪, 孙国强, 等. 含 VSC-HVDC 的交直流系统内点法最优潮流计算. 中国电机工程学报, 2012, 32(19): 89-95.
[24] 叶芳, 卫志农, 孙国强. 含 VSC-MTDC 的交直流混合系统的改进潮流算法. 河海大学学报(自然科学版), 2011, 39(3): 338-343.

第 3 章　模块化多电平换流器控制策略

3.1　引　　言

对于模块化多电平换流器，控制策略主要目的有两个：一是控制输出电压，二是改善输出电压波形、输出质量。控制策略包含两个方面，即调制算法和子模块电容电压控制。对于调制算法，其调制策略就是控制 SM 的投入、切出状态，使得 MMC 逆变侧的输出量不断接近完美的正弦调制波；而子模块电容电压的平衡稳定控制对 MMC 换流器来说事关重要，它是整个换流器能够正常运行的基础，同时还影响着交流侧逆变输出电能的质量。

3.2　多电平换流器脉冲宽度调制算法

多电平换流器脉冲宽度调制算法，主要可分为 3 大类[1, 2]，如图 3-1 所示。

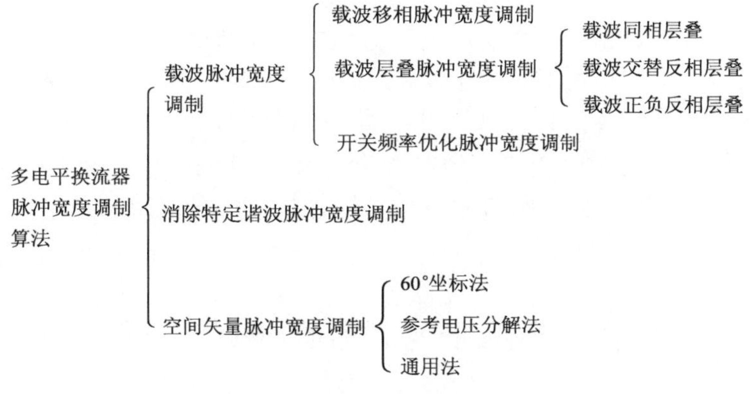

图 3-1　多电平换流器脉冲宽度调制算法分类

在上述多电平换流器脉冲宽度调制算法中，空间矢量脉冲宽度调制（Space Vector PWM，SVPWM）适合于 3 至 5 电平换流器，5 电平以上的多电平换流器不适合采用 SVPWM，因为这种方法会带来大量计算，使控制电路设计难度增加。对于 5 电平以上的多电平换流器，采用载波调制脉冲宽度调制法是比较好的选择，它可以使计算量大大减少，控制难度得到降低。

3.2.1 空间矢量脉冲宽度调制

SVPWM 法（1983 年由 Holtz 提出）与三角载波 PWM 法的区别在于，SVPWM 是针对交流电动机的运行特征而提出的，目标是为了使交流电动机获得幅值恒定的圆形磁通链轨迹。SVPWM 控制中，交流电动机和换流器被看做一个统一体来进行研究，所得的开关模式便于实时控制，这种方法控制的电机具有噪声低、转矩脉动小、直流电源电压利用率高等优点，因此在开环或者闭环控制系统中都有大量使用。

3.2.2 开关频率优化脉冲宽度调制

与载波层叠脉冲宽度调制（Carrier Disposition PWM，CD-PWM）法在具体实施上基本相同，开关频率优化脉冲宽度调制技术的不同之处是在正弦调制波中加入了三次谐波分量，这是为了弥补层叠法中的不足之处（如直流电源电压利用率低、开关损耗大等）而采取的一种改进措施。由于加入了三次谐波，输出电压必定会受到干扰，所以开关频率优化脉冲宽度调制法只能用于三相三线制电路中。

3.2.3 载波移相脉冲宽度调制

当开关器件的功率增大时，由于设计因素其开关频率就会降低，当开关频率增加时就会导致开关损耗的上升，效率降低，因此常用的 SPWM 算法在大功率场合的应用受到制约，而 CPS-PWM 法在这一方面有突出优势。载波移相脉冲宽度调制（Carrier Phase Shifted PWM，CPS-PWM）算法原理是，对于 N 个调制目标，首先使它们的三角载波相位依次滞后 $1/N$ 个三角载波周期 $T_c = 2\pi$，即滞后 $2\pi/N$；然后与同一个正弦调制波进行比较，产生出 N 组 PWM 控制脉冲，分别控制 N 个调制目标；最后，将 N 个调制目标的输出量进行叠加，就可以得到多电平换流器的等效输出波形。

3.3 模块化多电平换流器脉冲宽度调制算法

调制技术对于 MMC 换流器控制至关重要，其调制策略就是控制 SM 的投入、切出。作为整流器工作时，保证整流侧 MMC 输出直流电压稳定；作为逆变器工作时，使逆变侧 MMC 输出的交流电压无限接近完美的正弦调制波。多电平换流器的调制方法多种多样，通常采用多电平脉冲宽度调制方法（如 CD-PWM 等），因为其较高的开关频率能有效减少输出电压中谐波含量。但要应用于高压大功率场合时，所需换流器数目很大，功率开关损耗便是一个大问题，因此不得不降低开关频率以提高效率[3]。

常用的 SVPWM 法，在开关高频率较高时会产生较大损耗，而且随着子模块数目增加，相应计算量会剧增，在现实中无法应用。消除特定谐波脉冲宽度调制（Selected Harmonic Elimination PWM，SHE-PWM）法，同样需要大量计算查表，随着电平数增加将变得更为复杂，因而无法广泛应用[4]。

载波层叠脉冲宽度调制技术主要特点在于：算法简单，能够适应 MMC 级联数目扩展的要求，易于实现。目前，载波层叠脉冲宽度调制分为：同相层叠脉冲宽度调制（Phase Disposition PWM，PD-PWM）、交替反相层叠脉冲宽度调制（Alternative Phase Opposition Disposition PWM，APOD-PWM）、正负反相层叠脉冲宽度调制（Phase Opposition Disposition PWM，POD-PWM）三种。

3.3.1　载波同相层叠脉冲宽度调制

PD-PWM 法，即所有的三角载波完全相同，依次在横轴上下排列，如图 3-2 所示。以 7 电平为例，6 个进行叠加的三角载波幅值、频率完全一样，以横轴为界上下依次排列，然后与正弦波进行调制。此种方法调制波采用的是正弦波，实现较为简单，消除线电压谐波效果较好，但存在直流电源电压利用率较低、开关损耗较大等问题。图中，u_s 是换流器所希望输出的对称三相正弦电压波形，U_c 为等腰三角形载波。

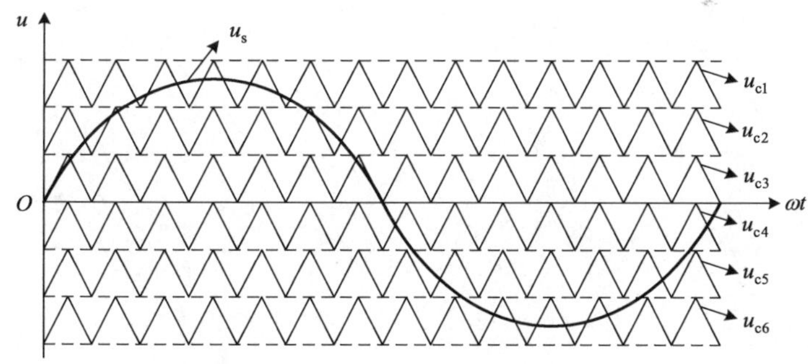

图 3-2　7 电平 PD-PWM 调制法

3.3.2　载波交替反相层叠脉冲宽度调制

APOD-PWM 法，是三角载波一正一反交替叠在一起后与正弦波进行比较，如图 3-3 所示。三角载波依次正反叠加，从另外一种意义上讲也可将 APOD-PWM 法看做是 CPS-PWM 的同类。此种调制方法，从消除谐波等方面来说性能居中，其优点在于载波分布规律，可以通过数学分析推导出输出电压表达式。

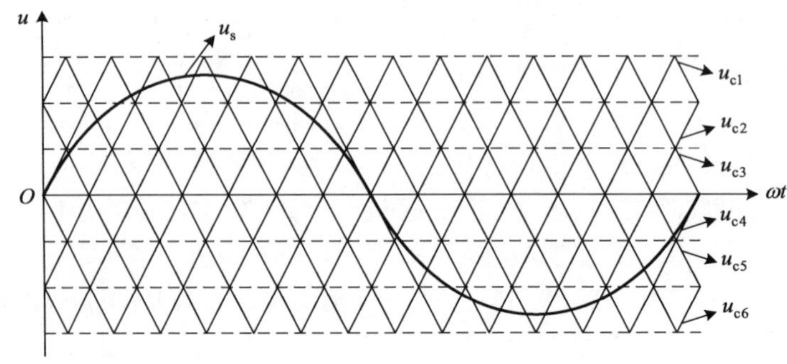

图 3-3　7 电平 APOD-PWM 调制法

3.3.3　载波正负反相层叠脉冲宽度调制

POD-PWM 法，是使 6 个幅值相同、频率相同的三角载波，以横轴为对称轴，轴上正相层叠，轴下反相层叠，然后与正弦调制波相比较，正弦波大于三角载波时输出脉冲波形。其优点是控制比较简单，但也在一定程度上出现直流电压利用率较低的问题，而且由于载波排列复杂，很难用数学公式推导出输出电压表达示，这也是该方法的不足之处，如图 3-4 所示。

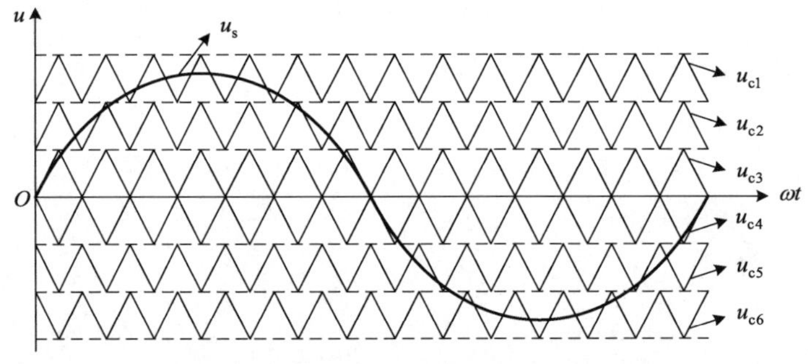

图 3-4　7 电平 POD-PWM 调制法

3.3.4　三种调制方法实验对比

对于三种不同的调制算法，在 MATLAB Simulink 下搭建模型进行仿真实验，这里暂不考虑子模块电容因素影响，单纯对比算法效果，采用理想化模型，即子模块内部电容采用理想直流电压源代替（假如控制算法合理、电路结构完善，即完全理想化的前提下，子模块内部电容电压平衡稳定，完全可以视为一个直流电压源），利用 Simulink 具有的电力图形用户界面工具，对仿真结果进行分析。针对三种调制方法，主电路结构相同，区别在于控制电路部分。图 3-5 为三种调制算法在 MATLAB Simulink 下仿真实现后的波形图。

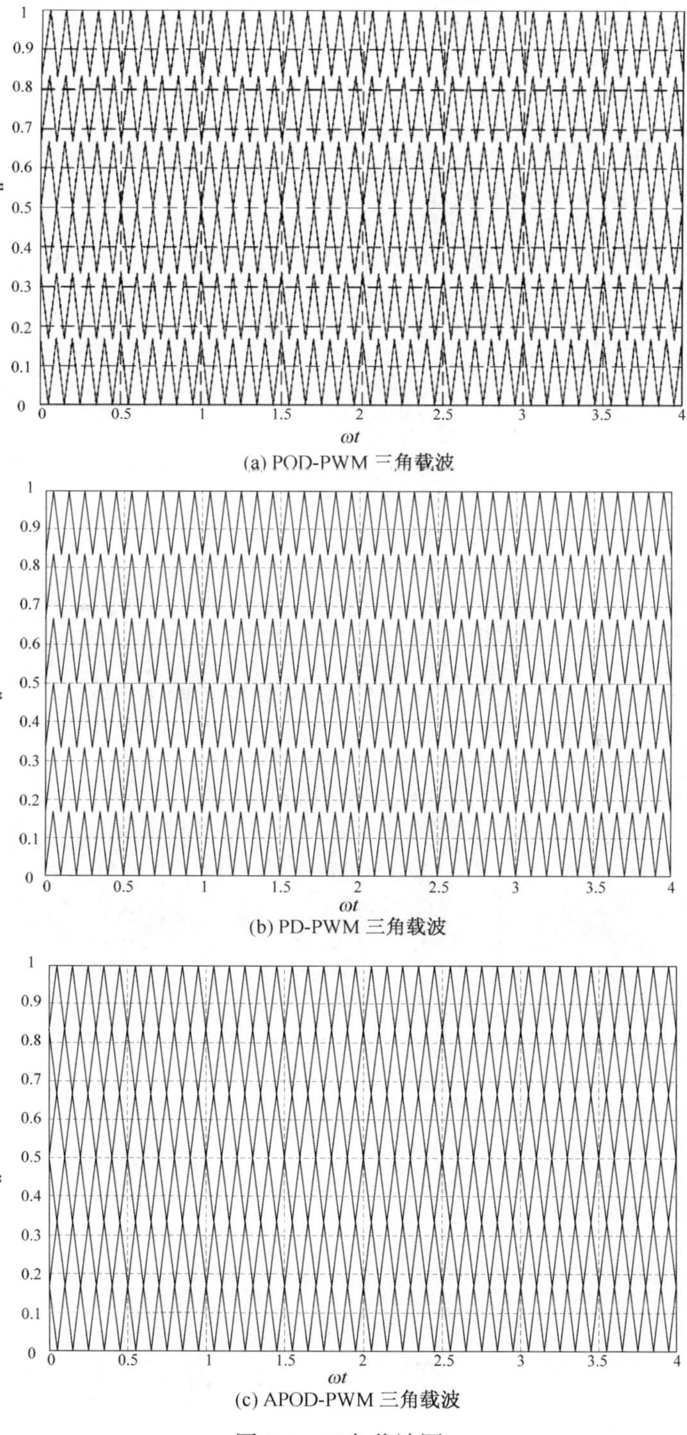

(a) POD-PWM 三角载波

(b) PD-PWM 三角载波

(c) APOD-PWM 三角载波

图 3-5　三角载波图

图 3-6 以 POD-PWM 为例，给出了正弦调制波与三角载波进行比较并产生开关脉冲信号的波形。

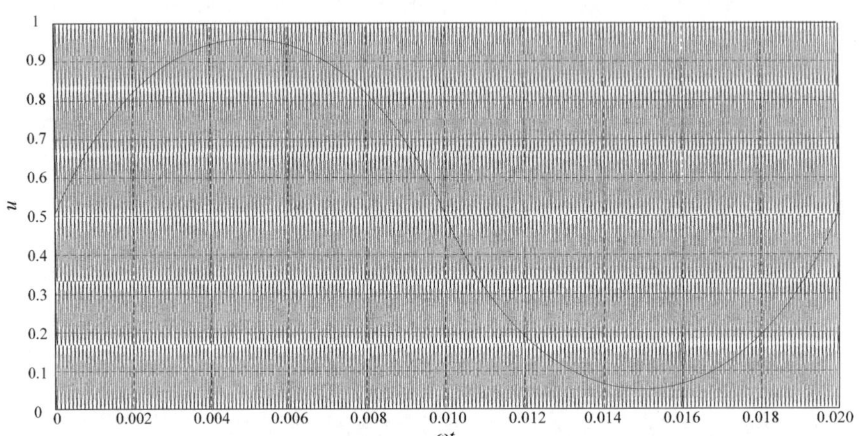

(a) POD-PWM 正弦波与三角载波比较

(b) POD-PWM 正弦波与三角载波比较后发出开关脉冲信号

图 3-6　POD-PWM 调制波形

以上部分，是将三种调制方法从理论上的分析转化为实际的仿真实验，本章采用了 POD-PWM 法，所以详细列出其一些仿真波形，采用原因详见后面的数据分析，仿真参数如表 3-1 所示。

表 3-1　MMC 换流器仿真参数

模型参数	符号	数值
半个桥臂子模块数目	N	6
直流母线电压	U_d	220kV
桥臂电感	L	0.7mH
三角载波频率	f_c	10kHz
正弦调制波频率	f_s	50Hz

为对比以上三种调制算法的控制效果，利用 Simulink 内的电力图形用户界面对输出电压、电流进行快速傅里叶变换（Fast Fourier Transform，FFT）分析，结果如图 3-7 所示。图 3-7 中，THD 表示总谐波畸变率（Total Harmonics Distortion）。

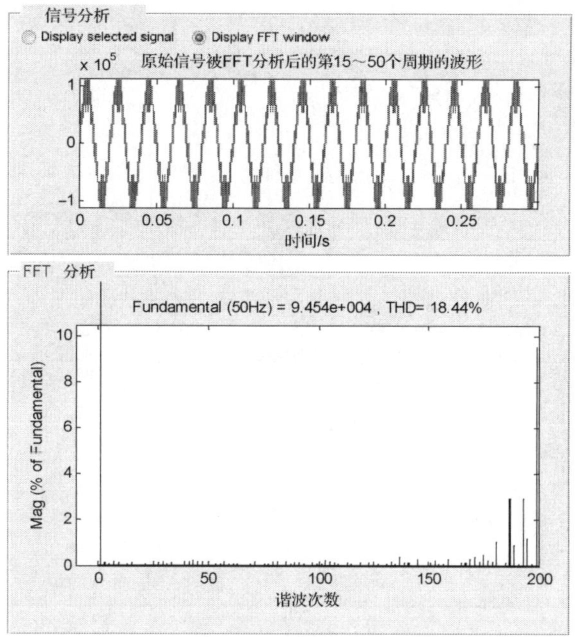

(a) POD-PWM 法相电压波形分析

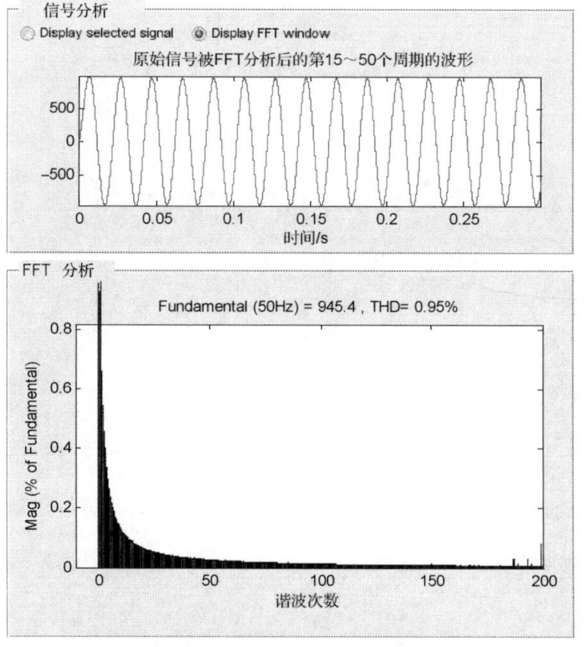

(b) POD-PWM 法线电流波形分析

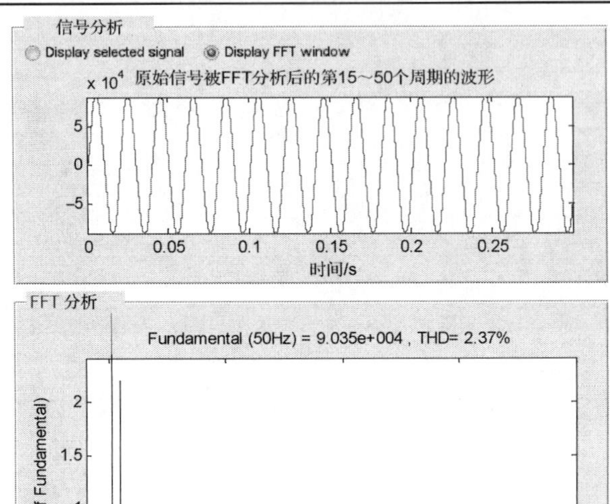

(c) POD-PWM 法滤波后相电压波形分析

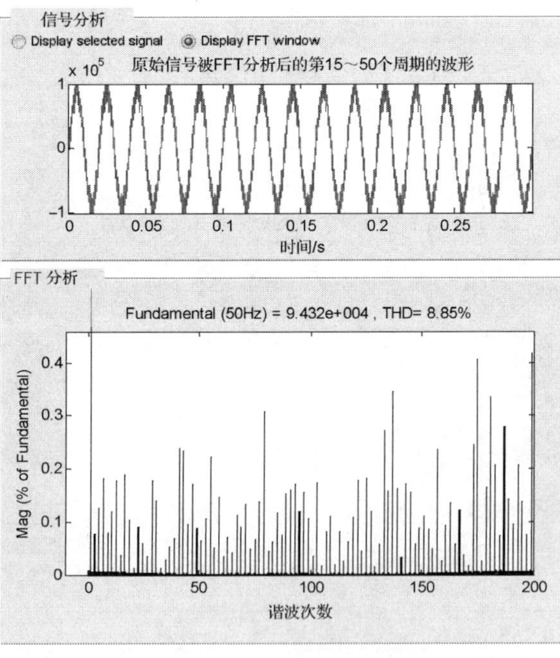

(d) PD-PWM 法相电压波形分析

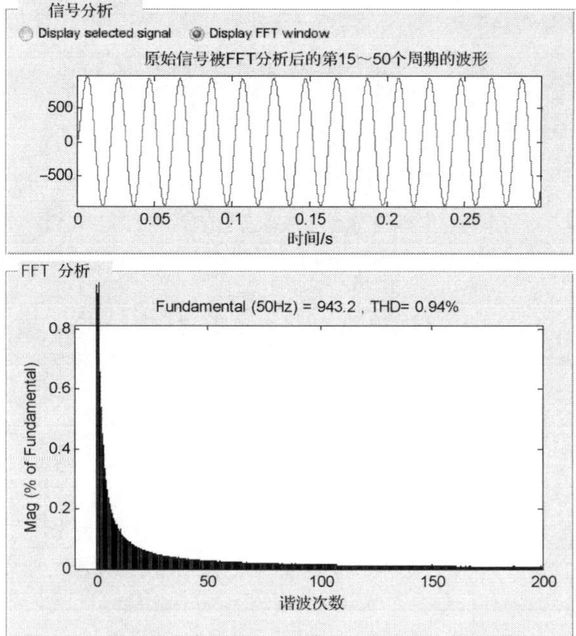

(e) PD-PWM 法线电流波形分析

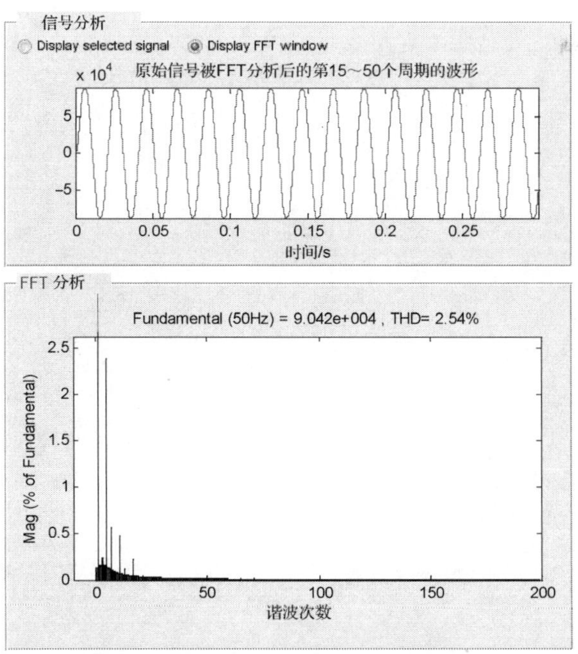

(f) PD-PWM 法滤波后相电压波形分析

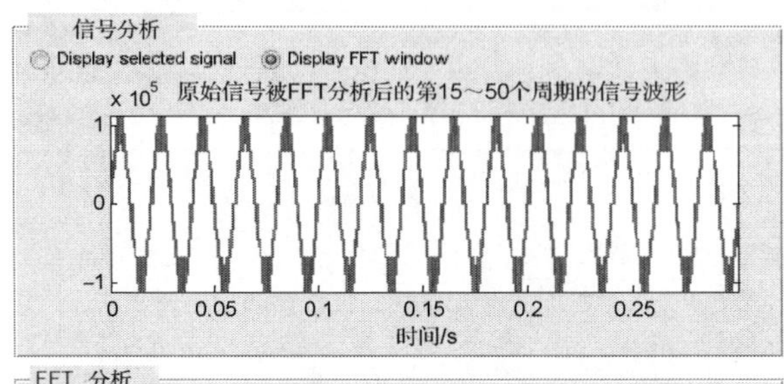

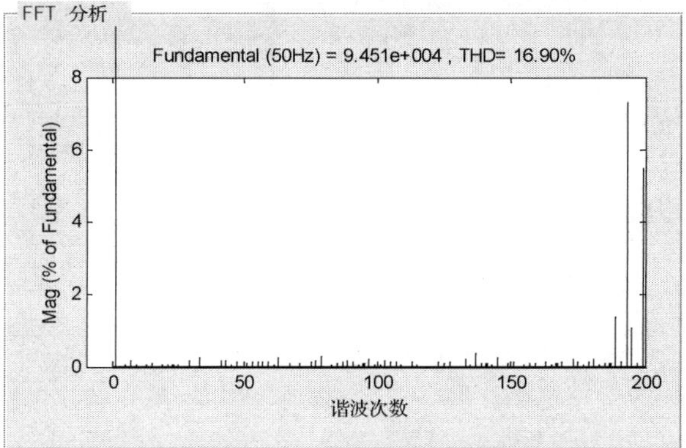

(g) APOD-PWM 法相电压波形分析

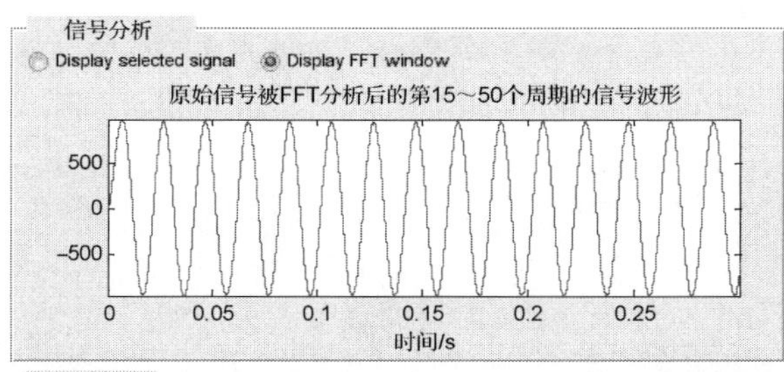

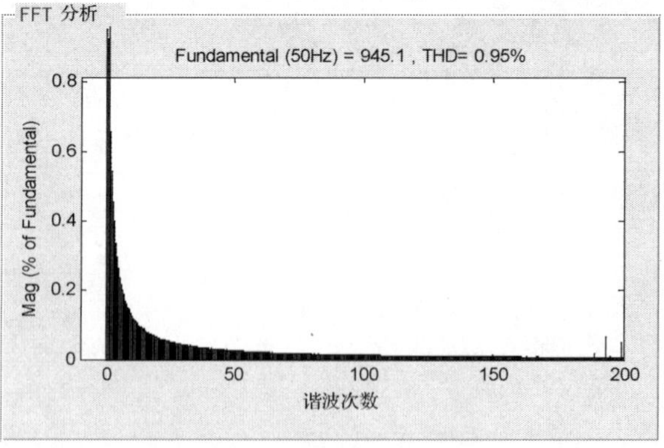

(h) APOD-PWM 法线电流波形分析

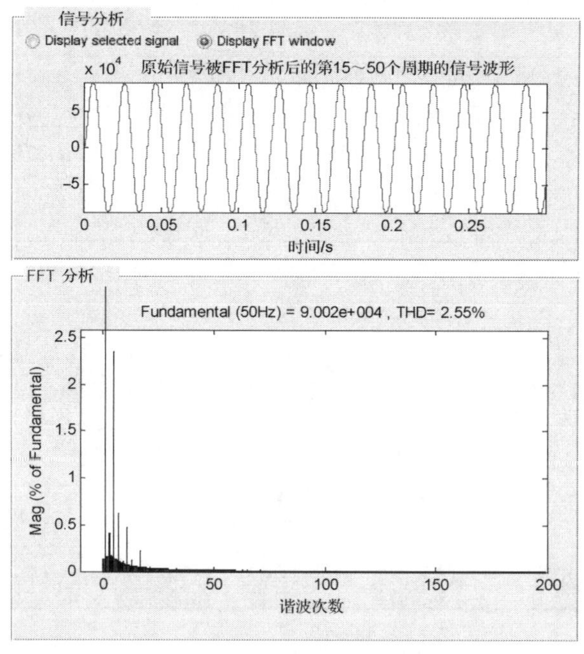

(i) APOD-PWM 法滤波后相电压波形分析

图 3-7　7 电平 MMC 换流器仿真结果

将以上仿真结果进行总结，结果绘制于表 3-2。

表 3-2　三种调制方法输出电压、电流 THD

THD	POD-PWM	PD-PWM	APOD-PWM
线电流/%	0.95	0.94	0.95
相电压/%	18.44	8.85	17.90
滤波后相电压/%	2.37	2.54	2.55

对于三种调制算法，从线电流来看，三者相差无几，谐波畸变率基本一致，但在消除相电压谐波上有很大差异。PD-PWM 法的相电压谐波畸变率最低，去除谐波效果明显，但从谐波分布（图 3-7(d)所示）中可以看出，其含有大量低次谐波，这给滤波带来了难度。POD-PWM 与 APOD-PWM 虽然谐波畸变率较高，但都仅含有 200 次以上的高次谐波，滤波简单。从实验数据可以看出，经过滤波后，谐波畸变率也处在一个较低的水平。因此综上所述，在三种调制方法中 POD-PWM 效果最佳，本章中换流器的运行控制便采用此种调制方法。

3.3.5　三种调制算法的相关数学推导

这一节将从数学的角度对三种调制算法的输出电压进行比较研究。APOD-PWM 法的多层三角载波叠加后，与载波移相调制算法的三角载波完全一致，由多个小幅值载波合成一个大幅值的三角载波，故可以很便利的从数学角度，用合理科学的推导方式来分析输出电压。

7 电平换流器采用 APOD-PWM 法控制的工作波形如图 3-8 所示。可以看出，三层小三角载波 u_{c1}、u_{c2}、u_{c3} 被三个大的三角载波 u'_{c1}、u'_{c2}、u'_{c3} 统一起来。大三角载波的幅值 U'_c 为小三角载波的三倍，大三角载波 u'_{c1}、u'_{c2}、u'_{c3} 之间的相移角 $\alpha = 2\pi/3$，并用同一个正弦调制波 u_s 进行调制，比较后产生脉冲波形 u_{P1}、u_{P2}、u_{P3}，然后将 u_{P1}、u_{P2}、u_{P3} 进行叠加得到最后输出波形 u_A [1]。

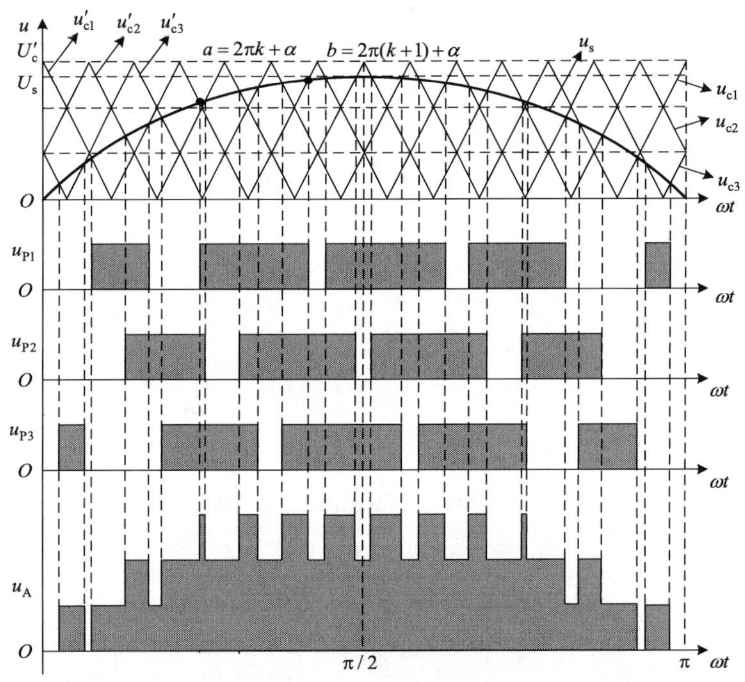

图 3-8　7 电平换流器 APOD-PWM 法控制工作波形图

假设三角载波 u'_{c1} 的初相位角为 α_1，u'_{c2} 的初相位角为 $\alpha_1 + 2\pi/3$，u'_{c3} 的初相位角为 $\alpha_1 + 4\pi/3$。u'_{c1} 与 u_s 产生 u_{P1}，u'_{c2} 与 u_s 产生 u_{P2}，u'_{c3} 与 u_s 产生 u_{P3}，则 $u_A = u_{P1} + u_{P2} + u_{P3}$ [1]。

$$u'_{c1} = \begin{cases} -(\omega_c t + \alpha_1 - 2\pi k)\dfrac{U'_c}{\pi} + U'_c, & 2\pi k \leqslant \omega_{ct} < 2\pi k + \pi \\ (\omega_c t + \alpha_1 - 2\pi k - \pi)\dfrac{U'_c}{\pi}, & 2\pi k + \pi \leqslant \omega_{ct} < 2\pi k + 2\pi \end{cases} \tag{3-1}$$

式中，$k = 0, \pm 1, \pm 2, \cdots$。

正弦调制波的方程为

$$u_s = U_s \sin \omega_s t \tag{3-2}$$

假定载波比 $F = \omega_c / \omega_s \gg 1$，调制度 $M = U_s / U_c' \leqslant 1$。

对于电压 u_{P1}，如图 3-8 所示，在采样点 a 有

$$U_s \sin \omega_s t = -(\omega_c t + \alpha_1 - 2\pi k)\frac{U_c'}{\pi} + U_c'$$

令 $Y = \omega_s t$，$X = \omega_c t$，则

$$X = 2\pi k + \pi - \alpha_1 - \pi M \sin Y$$

由图 3-8 中 u_{P1} 的波形可知，$X = \omega_c t$ 在 $2\pi k + \alpha$ 到 $2\pi(k+1) + \alpha$ 区间内，在 a、b 点之间，正弦调制波大于三角载波得到 u_{P1} 的控制脉冲，故可以得到 u_{P1} 波形的时间函数为

$$u_{P1}(X,Y) = \begin{cases} 0, & 2\pi k + \pi - \alpha_1 + \pi M \sin Y \leqslant X < 2\pi k + \pi - \alpha_1 - \pi M \sin Y \\ E/6, & 2\pi k + \pi - \alpha_1 - \pi M \sin Y \leqslant X < 2\pi k + \pi - \alpha_1 + \pi M \sin Y \end{cases} \tag{3-3}$$

式中，E 表示换流器的直流电源电压。

函数 $u_{P1}(X,Y)$ 可以用双重傅里叶级数表示为

$$u_{P1}(X,Y) = \frac{A_{00}}{2} + \sum_{n=1}^{\infty}(A_{0n}\cos nX + B_{0n}\sin nY) + \sum_{n=1}^{\infty}(A_{m0}\cos mX + B_{m0}\sin mY)\sum_{m=1}^{\infty}\sum_{\pm 1}^{\pm\infty}[A_{mn}\cos(mX + nY) + B_{mn}\sin(mX + nY)]$$

式中，

$$A_{mn} + \mathrm{j}B_{mn} = \frac{2}{(2\pi)^2}\int_{-\pi}^{\pi}\int_{-\pi}^{\pi} u_{P1}(X,Y)\mathrm{e}^{\mathrm{j}(mX+nY)}\mathrm{d}X\mathrm{d}Y \tag{3-4}$$

将式（3-3）代入式（3-4）可得

$$\begin{aligned} A_{mn} + \mathrm{j}B_{mn} &= \frac{E}{6\pi^2}\int_0^{\pi}\int_{2\pi k+\pi-\alpha_1-\pi M\sin Y}^{2\pi k+\pi-\alpha_1+\pi M\sin Y} \mathrm{e}^{\mathrm{j}(mX+nY)}\mathrm{d}X\mathrm{d}Y \\ &= \frac{E}{\mathrm{j}6m\pi}\mathrm{e}^{\mathrm{j}m(n-\alpha_1)}\left[\frac{1}{\pi}\int_0^{\pi}\mathrm{e}^{\mathrm{j}mM\pi\sin Y}\mathrm{e}^{\mathrm{j}nY}\mathrm{d}Y - \frac{1}{\pi}\int_0^{\pi}\mathrm{e}^{-\mathrm{j}mM\pi\sin Y}\mathrm{e}^{\mathrm{j}nY}\mathrm{d}Y\right] \end{aligned}$$

由贝塞尔函数得

$$\frac{1}{\pi}\int_0^{\pi}\mathrm{e}^{\mathrm{j}mM\pi\sin Y}\mathrm{e}^{\mathrm{j}nY}\mathrm{d}Y = \mathrm{J}_n(mM\pi)\frac{\mathrm{e}^{\mathrm{j}n\pi} - 1}{2}$$

$$\frac{1}{\pi}\int_0^{\pi}\mathrm{e}^{-\mathrm{j}mM\pi\sin Y}\mathrm{e}^{\mathrm{j}nY}\mathrm{d}Y = \mathrm{J}_n(mM\pi)\frac{1 - \mathrm{e}^{\mathrm{j}n\pi}}{2}$$

所以可知

$$
\begin{aligned}
A_{mn}+\mathrm{j}B_{mn}&=\frac{E}{\mathrm{j}6mn}\mathrm{e}^{\mathrm{j}m(\pi-\alpha_1)}\left[\mathrm{J}_n(mM\pi)\frac{\mathrm{e}^{\mathrm{j}n\pi}-1}{2}-\mathrm{J}_n(mM\pi)\frac{1-\mathrm{e}^{\mathrm{j}n\pi}}{2}\right]\\
&=\mathrm{j}\frac{E}{6mn}\mathrm{J}_n(mM\pi)\mathrm{e}^{\mathrm{j}m(\pi-\alpha_1)}(1-\mathrm{e}^{\mathrm{j}n\pi})
\end{aligned}
\tag{3-5}
$$

（1）当 n 为 0 或者偶数时，$1-\mathrm{e}^{\mathrm{j}n\pi}=0$，$A_{mn}+\mathrm{j}B_{mn}=0$。

（2）当 n 为奇数时，$1-\mathrm{e}^{\mathrm{j}n\pi}=2$，此时

$$
A_{mn}+\mathrm{j}B_{mn}=\mathrm{j}\frac{E}{3m\pi}\mathrm{J}_n(mM\pi)[\cos m(\pi-\alpha_1)+\mathrm{j}\sin m(\pi-\alpha_1)]
$$

式中

$$
A_{mn}=-\frac{E}{3m\pi}\mathrm{J}_n(mM\pi)\sin m(\pi-\alpha_1)
$$

$$
B_{mn}=\frac{E}{3m\pi}\mathrm{J}_n(mM\pi)\cos m(\pi-\alpha_1)
$$

（3）当 $m=0$ 时，$\mathrm{e}^{\mathrm{j}m(\pi-\alpha_1)}=1$，此时

$$
A_{0n}+\mathrm{j}B_{0n}=\frac{1}{2\pi^2}\int_{-\pi}^{\pi}\int_{-\pi}^{\pi}u_{\mathrm{P1}}(X,Y)\mathrm{e}^{\mathrm{j}nY}\mathrm{d}X\mathrm{d}Y
$$

因为 $u_{\mathrm{P1}}(X,Y)$ 是奇函数，可得

$$
A_{0n}=0
$$

$$
B_{0n}=\frac{1}{\pi^2}\int_{0}^{\pi}\int_{-\pi}^{\pi}u_{\mathrm{P1}}(X,Y)\sin nY\mathrm{d}X\mathrm{d}Y=\frac{1}{6\pi^2}\int_{0}^{\pi}\int_{2\pi k+\pi-\alpha_1-\pi M\sin Y}^{2\pi k+\pi-\alpha_1+\pi M\sin Y}\sin nY\mathrm{d}X\mathrm{d}Y
$$

当 $n=1$ 时，$B_{01}=ME/4$；当 $n\neq 1$ 时，$B_{0n}=0$。

由上述推导可得 u_{P1} 的双重傅里叶级数表达式为

$$
\begin{aligned}
u_{\mathrm{P1}}=&M\frac{E}{6}\sin\omega_{\mathrm{s}}t+\frac{E}{3\pi}\sum_{m=1,2,\cdots}^{\infty}\sum_{n=\pm1,\pm3,\cdots}^{\pm\infty}\frac{\mathrm{J}_n(mM\pi)}{m}\cos m(\pi-\alpha_1)\sin[(mF+n)\omega_{\mathrm{s}}t]\\
&-\frac{E}{3\pi}\sum_{m=1,2,\cdots}^{\infty}\sum_{n=\pm1,\pm3,\cdots}^{\pm\infty}\frac{\mathrm{J}_n(mM\pi)}{m}\sin m(\pi-\alpha_1)\cos[(mF+n)\omega_{\mathrm{s}}t]
\end{aligned}
\tag{3-6}
$$

u'_{c2} 的初相位角为 $\alpha_1+2\pi/3$，u'_{c3} 的初相位角为 $\alpha_1+4\pi/3$，则 u_{P2}、u_{P3} 的双重傅里叶级数表达式为

$$
\begin{aligned}
u_{\mathrm{P2}}=&M\frac{E}{6}\sin\omega_{\mathrm{s}}t+\frac{E}{3\pi}\sum_{m=1,2,\cdots}^{\infty}\sum_{n=\pm1,\pm3,\cdots}^{\pm\infty}\frac{\mathrm{J}_n(mM\pi)}{m}\cos m\left(\pi-\alpha_1-\frac{2\pi}{3}\right)\sin[(mF+n)\omega_{\mathrm{s}}t]\\
&-\frac{E}{3\pi}\sum_{m=1,2,\cdots}^{\infty}\sum_{n=\pm1,\pm3,\cdots}^{\pm\infty}\frac{\mathrm{J}_n(mM\pi)}{m}\sin m\left(\pi-\alpha_1-\frac{2\pi}{3}\right)\cos[(mF+n)\omega_{\mathrm{s}}t]
\end{aligned}
\tag{3-7}
$$

$$u_{\mathrm{P3}} = M\frac{E}{6}\sin\omega_{\mathrm{s}}t + \frac{E}{3\pi}\sum_{m=1,2,\cdots}^{\infty}\sum_{n=\pm1,\pm3,\cdots}^{\pm\infty}\frac{\mathrm{J}_n(mM\pi)}{m}\cos m\left(\pi-\alpha_1-\frac{4\pi}{3}\right)\sin[(mF+n)\omega_{\mathrm{s}}t]$$
$$-\frac{E}{3\pi}\sum_{m=1,2,\cdots}^{\infty}\sum_{n=\pm1,\pm3,\cdots}^{\pm\infty}\frac{\mathrm{J}_n(mM\pi)}{m}\sin m\left(\pi-\alpha_1-\frac{4\pi}{3}\right)\cos[(mF+n)\omega_{\mathrm{s}}t] \tag{3-8}$$

由于 $\sin m(\pi-\alpha_1)+\sin m(\pi-\alpha_1-2\pi/3)+\sin m(\pi-\alpha_1-4\pi/3)=0$，$\cos m(\pi-\alpha_1)+\cos m(\pi-\alpha_1-2\pi/3)+\cos m(\pi-\alpha_1-4\pi/3)=\pm3$ 或 0，当 m 为 3 的奇数倍时取 –3，当 m 为 3 的偶数倍时取 3，当 m 为 3 的整数倍以外的数时取 0，所以可得

$$u_{\mathrm{A}} = u_{\mathrm{P1}}+u_{\mathrm{P2}}+u_{\mathrm{P3}} = M\frac{E}{2}\sin\omega_{\mathrm{s}}t \pm \frac{E}{\pi}\sum_{m=3,6,\cdots}^{\infty}\sum_{n=\pm1,\pm3,\cdots}^{\pm\infty}\frac{\mathrm{J}_n(mM\pi)}{m}\sin[(mF+n)\omega_{\mathrm{s}}t] \tag{3-9}$$

式中，m 为 3 的奇数倍时，等式右边正负号取负号，m 为 3 的偶数倍时取正号。

由式（3-9）可知，在输出电压 u_{A} 中，已消除 $3F\pm1$ 次以下的低次谐波，只包含有 $3F\pm1$ 次以上的谐波。

对于 POD-PWM、PD-PWM 法，由其三角载波叠加方式可知，各个层次的三角载波是不同的，不能直接转化为类似载波移相调制法的三角载波进行简单处理，因此很难用严格的数学推导进行分析，不能像前面所述的 APOD-PWM 法一样进行类似推导，因此，采用另第二种方法做进一步研究。

从理论的角度出发来分析，任何一个随时间变化的 $F(\omega t)$ 波形都能够用式（3-10）所示的一个序列为无限形式的正弦波分量式来表达[5]。其中第 k 次谐波分量的幅值 C_k 可表示为

$$F(\omega t) = \sum_{-\infty}^{\infty} C_k \mathrm{e}^{\mathrm{j}k\omega t}\mathrm{d}t \tag{3-10}$$

$$C_k = a_k + \mathrm{j}b_k = \frac{1}{T}\int_{-T/2}^{T/2} F(t)\mathrm{e}^{-\mathrm{j}k\omega t}\mathrm{d}t \tag{3-11}$$

它是波形在时域领域的傅里叶积分。而在实际情况中，从每一个单独的 PWM 脉冲波形来看，它是非周期性的，因此无法在时域中确定 $F(t)$ 的具体表达式，进而式（3-11）中的积分便很难求解出来。后来，学者 Boews 将这项技术应用于功率变换系统[6]，具体方法为将开关脉冲波看做是载波和调制波的二维函数，这样，非周期性的脉冲波形函数就成为了周期性的，由此，谐波的统一形式可以表示为

$$F(t) = A_{00}/2 + \sum_{n=1}^{\infty}[A_{0n}\cos(n\omega_0 t) + B_{0n}\sin(n\omega_0 t)] + \sum_{n=1}^{\infty}[A_{m0}\cos(n\omega_{\mathrm{c}}t) + B_{m0}\sin(n\omega_{\mathrm{c}}t)]$$
$$+\sum_{m=1}^{\infty}\sum_{\substack{n=-\infty \\ n\neq0}}^{\infty}[A_{mn}\cos(m\omega_c t + n\omega_0 t) + B_{mn}\sin(m\omega_{\mathrm{c}}t + n\omega_0 t)] \tag{3-12}$$

式中，输出量由四部分组成，分别为直流分量、基波分量及其基带谐波、载波谐波、

载波的边带谐波。

虽然不同种类的 PWM 调制算法存在差异，但输出量的谐波幅值均可表示为

$$C_{mn} = A_{mn} + \mathrm{j}B_{mn} = \frac{1}{2\pi^2}\int_{-\pi}^{\pi}\int_{-\pi}^{\pi} F(x,y)\,\mathrm{e}^{\mathrm{j}(mx+ny)}\mathrm{d}x\mathrm{d}y,\quad x=\omega_{\mathrm{c}}t, y=\omega_0 t \tag{3-13}$$

式中，$F(x,y)$ 为一脉冲，其具体量由一个基波周期的长度决定，是在一个基波周期内的波形；ω_0 为基波频率，ω_{c} 为载波频率。

由此可知，式（3-12）和式（3-13）分别代表两种不同的积分方式，一是开关脉冲在整个基波周期时间内的积分，另一个是开关脉冲在一个载波周期时间内的积分，因此，谐波的耦合系数，可以由两个部分分开计算后再共同得出。理论上经过数学运算，每一种多电平 PWM 法所得到的输出电压，都可由式（3-12）中的各个部分组合而成。采用不同的 PWM 算法，输出量中的谐波含量便会有所不同，根据被积分对象的对称性和相关积分原理，输出谐波中会有一部分相互抵消，进而只含有奇次或偶次谐波。根据上面所述的分析方法，从理论上讲可以获得任意多电平载波 PWM 法输出量的精确表达式，而且有一些学者对此做过深入研究探索[7, 8]，但由于其数学推导过程十分复杂，且结果不能被直观反应，所以以这种分析方法为理论基础，然后结合实际仿真研究应该会是一种比较好的方式[8-11]。

3.4　子模块电容电压控制

从 MMC 换流器拓扑来看，每一个子模块都并联一个电容，这些电容互不干扰。换流器工作时，各个子模块电容都会不断进行充放电，其过程无法实现有效的精确控制，再加上运行损耗等不可避免的问题，这会造成各个子模块电容之间出现电压出现不平衡现象，造成换流器运行出现异常。由此学者们发现，只有保持子模块电容电压的平衡稳定，使每一个开关器件两端电压保持一致，换流器才能正常运行。

在这里，本章采用电容电压平衡控制与稳定控制相结合的方法，将子模块电容电压的控制分为两个部分，分别用排序法和建模法来分别实现[11-13]：使用排序法，通过充放电过程保证各个子模块的电容电压保持相对一致，有利于换流器的稳定运行，以免出现较大的内部环流；使用建模法，建立闭环控制器以保证每一个子模块电容电压维持在理论设计值，以保证输出电压的稳定。理论上这种方法可以克服子模块电压控制方面遇到的实现困难、方法复杂等问题，而且经过本章的仿真结果分析，表明了此种方法的可行性与有效性。

3.4.1　子模块电容电压平衡控制

对于子模块电容电压平衡控制，本章采用排序法来实现，基于 MMC 结构的对称

性，下面以 A 相上桥臂为例进行分析，并假设上桥臂子模块数目为 N。采用载波正负反相层叠脉冲宽度调制法对 MMC 主电路进行控制，输出逆变电压，检测逆变输出电压，通过 C 语言程序判断桥臂需要导通的子模块数目（假设为 M 个，$0 \leqslant M \leqslant N$），同时测量获得 N 个子模块的电容电压值以及桥臂电流方向。当电流为正时，对 N 个电容电压值按照从小到大的顺序进行排列，给前 M 个子模块发送开通信号，投入运行并进行充电，每个子模块输出电压值为 $u_{\mathrm{CP}i}$；其余 $N-M$ 个子模块发送关断信号，处于切除状态，每个子模块输出电压为 0。当电流为负时，对 N 个电容电压值按照从大到小的顺序进行排列，给前 M 个子模块发送开通信号，投入运行并进行放电，每个子模块输出电压值为 $u_{\mathrm{CP}i}$；其余 $N-M$ 个子模块发送关断信号，处于切除状态，每个子模块输出电压为 0。下桥臂控制原理相同，借此使各个子模块的电容电压保持在一个相对平衡（即基本相同）的状态，以免因电压值不同带来输出不稳定等问题。控制方法框图如图 3-9 所示。

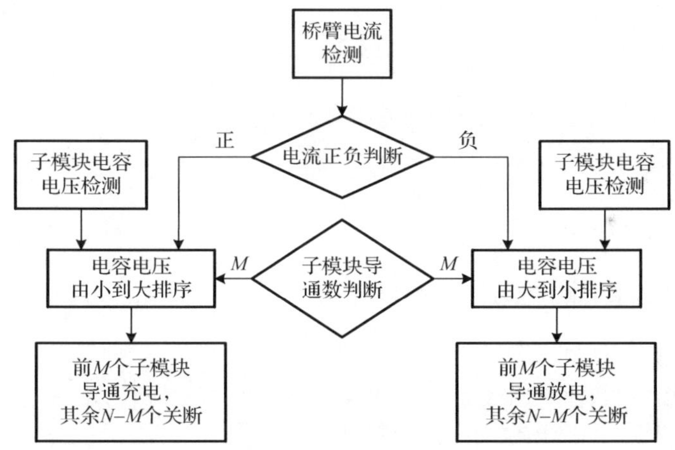

图 3-9 SM 电容电压平衡控制方法框图

电容电压的平衡控制，主要通过使用 MATLAB Simulink 仿真中 Embedded MATLAB Function 模块（图 3-10），编写 C 语言程序实现算法预期控制效果。其中，u1 为检测得到的子模块电容电压值输入端，n 为原始控制脉冲信号输入端，cd 为检测桥臂电流正负所得信号输入端，u3 为处理后输出最终控制脉冲信号端。

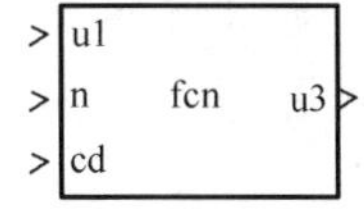

图 3-10 Embedded MATLAB Function 模块

以下为 Embedded MATLAB Function 模块内部编写的部分 C 语言程序，实现的便是图 3-9 中的功能。

```
function u3 = fcn (u1,n,cd)
[a, b]=sort (u1) ;
```

```
    u3=zeros (12,1) ;
    if cd==1
        u2=zeros (6,1) ;
        for i=1:n
            u2 (b (i) ,1) =1;
        end
        for i=0:5
            u3 (2*i+1,1) =u2 (i+1,1) ;
            u3 (2* (i+1) ) =~u2 (i+1,1) ;
        end
    end
    if cd==-1
        u2=ones (6,1) ;
        for i=1:7-n
            u2 (b (i) ,1) =0;
        end
        for i=0:5
            u3 (2*i+1,1) =u2 (i+1,1) ;
            u3 (2* (i+1) ) =~u2 (i+1,1) ;
        end
    end
```

3.4.2　子模块电容电压稳定控制

对于子模块电容电压稳定控制，本章采用建模法来实现，仍然以 A 相为例，为便于分析，将 MMC 换流器 A 相电路重画于图 3-11。图中，L 为桥臂电感，U_d 为直流电压源，i_{out} 为输出电流，L_{out}、R_{out} 为模拟负载。

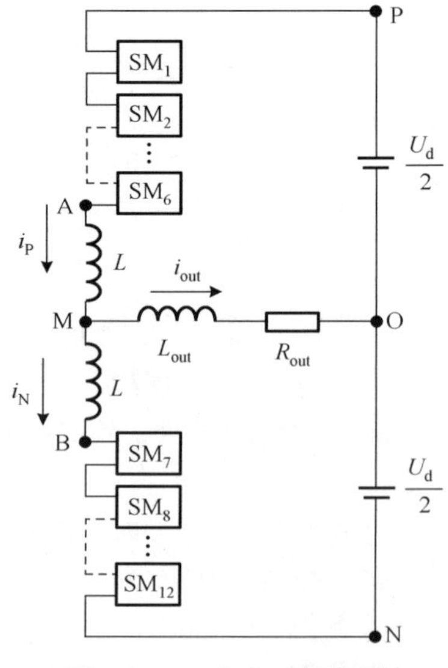

图 3-11　A 相电路结构图

当系统的子模块正常工作时，子模块的输出电压为并联电容的端电压值 u_C；切出时，子模块输出电压为 0，由此可将桥臂子模块的数学模型用开关函数 S 来表达，即

$$\begin{cases} S=1，上桥臂开 \\ S=0，下桥臂开 \end{cases} \tag{3-14}$$

令 u_{CPi}、u_{CNi} 为上、下桥臂第 i 个子模块电容电压，则

$$u_{AO}=u_{PO}-\sum_{i=1}^{6}u_{CPi}S_i \tag{3-15}$$

$$u_{BO} = -u_{ON} + \sum_{i=1}^{6} u_{CNi}(1-S_i) \tag{3-16}$$

$$u_{AB} = u_{AO} - u_{BO} \tag{3-17}$$

不接负载时，设 M 点和 O 点之间的电压为 u_{th}，则

$$u_{MA} = u_{BM} = -\frac{1}{2}u_{AB} \tag{3-18}$$

$$u_{th} = u_{MA} + u_{AO} = -u_{BM} + u_{BO} \tag{3-19}$$

由式（3-18）和（3-19）可得

$$u_{th} = -\frac{1}{2}u_{AB} + u_{AO} = \frac{1}{2}u_{AB} + u_{BO} \tag{3-20}$$

将图 3-11 所示电路等效简化，结构如图 3-12 所示。图中，$L_{th} = L//L = \frac{1}{2}L$，由基尔霍夫电压定律可得

$$u_{OM} = u_{th} + \frac{1}{2}L \cdot \frac{di_{out}}{dt} \tag{3-21}$$

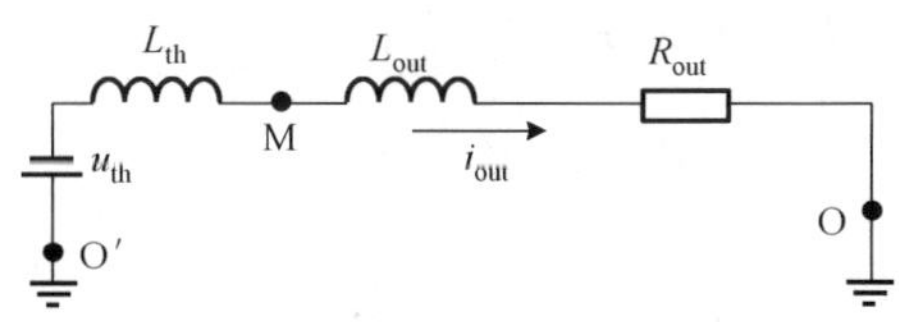

图 3-12　A 相简化电路

$$u_{out} = R_{out} \cdot i_{out} + L_{out} \cdot \frac{di_{out}}{dt} + \frac{1}{2}L \cdot \frac{di_{out}}{dt} + u_{th} \tag{3-22}$$

由式（3-22）推得

$$\frac{di_{out}}{dt} = \left(\frac{1}{0.5L + L_{out}}\right)(u_{out} - R_{out} \cdot i_{out} - u_{th}) \tag{3-23}$$

根据电感、电容中电压电流关系公式可得

$$\frac{di_P}{dt} = \frac{u_{AO} - u_{MO}}{L} \tag{3-24}$$

$$\frac{di_N}{dt} = \frac{u_{MO} - u_{BO}}{L} \tag{3-25}$$

$$\frac{du_{CPi}}{dt} = \frac{1}{C_i} i_P S_i \tag{3-26}$$

$$\frac{du_{CNi}}{dt} = \frac{1}{C_i} i_N (1 - S_i) \tag{3-27}$$

根据以上推导的数学公式，建立准确的数学模型，即可得出控制子模块电容电压稳定的框图，如图 3-13 所示。

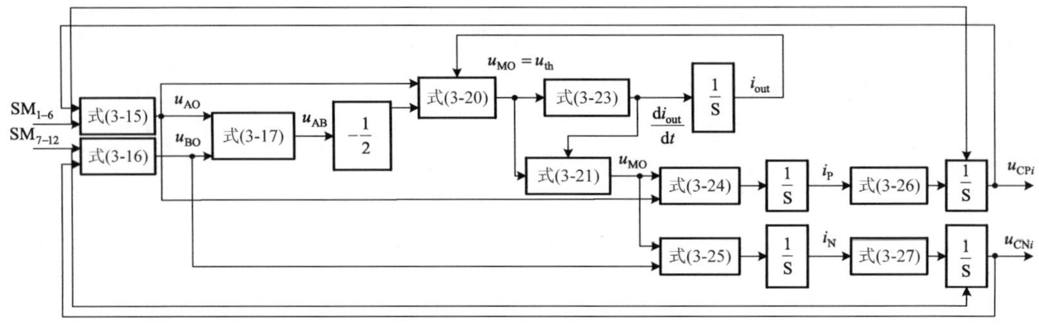

图 3-13　SM 电容电压稳定控制流程图

3.4.3　仿真分析

首先，在 MATLAB Simulink 仿真环境下搭建三相 7 电平 MMC 逆变器模型，采用载波正负反相层叠脉冲调制法进行控制，模型参数如表 3-1 所示。

图 3-14 为子模块 SM 的电容电压波形。根据理论计算，子模块电容电压理想值应为直流母线电压 U_d 的 $1/N$，此模型中 U_d=200kV，N=6。经理论计算，电容电压值约为 33.33kV，而图 3-14 中的仿真结果显示电容电压基本稳定在 33.35kV，与理论计算值相比，电压超出理论值的 0.06%，十分接近，验证了本章控制算法的可行性。如图 3-14(b) 所示，通过观察放大后的波形，可以看出电压在 33.35kV 上下波动，范围在 0.33%左右，说明在电压平衡控制策略下电容电压达到了较好的稳定性。

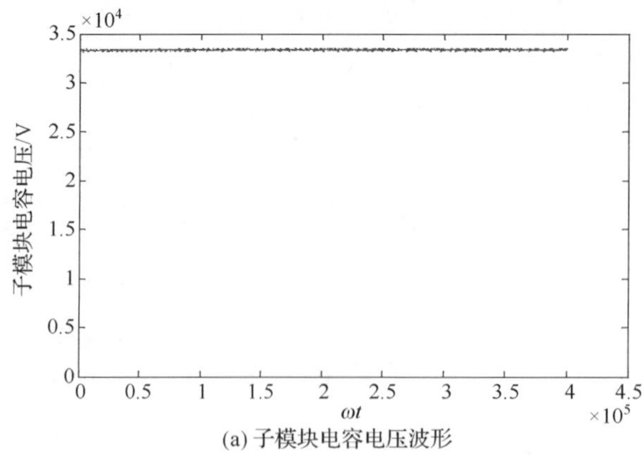

(a) 子模块电容电压波形

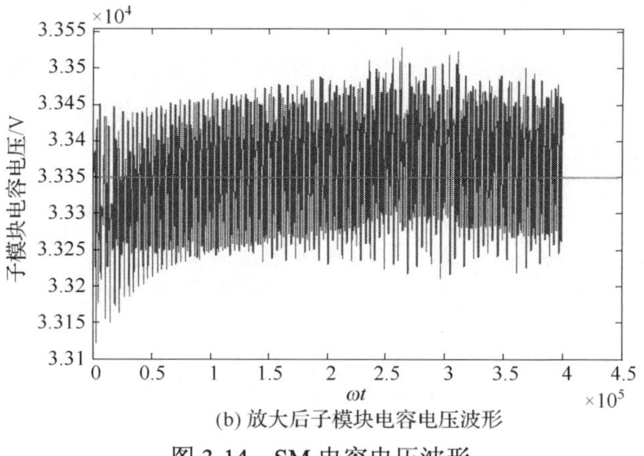

(b) 放大后子模块电容电压波形

图 3-14　SM 电容电压波形

图 3-15 为在 MATLAB Simulink 下使用二阶滤波模块处理前后的相电压波形，由图 3-15 可以看出，经过滤波处理后，输出电压可达到较完美的正弦波。

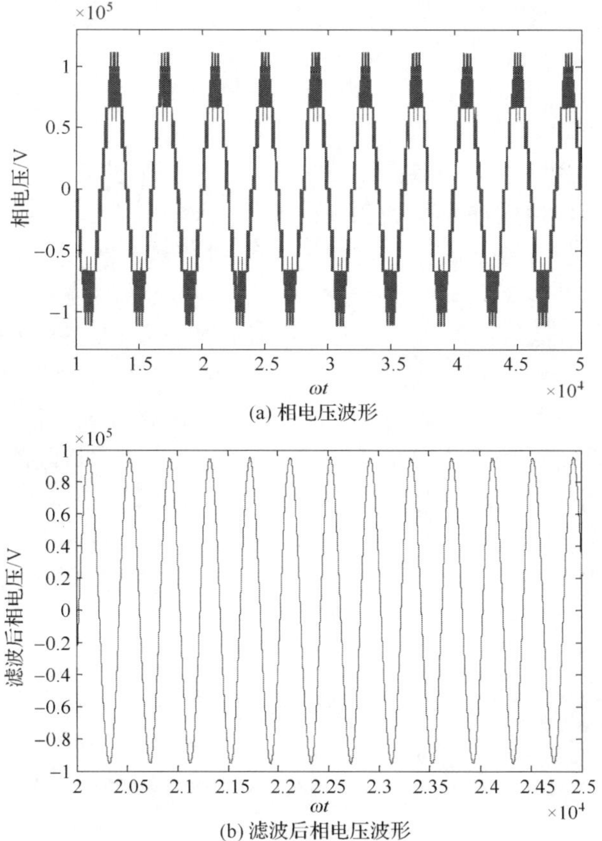

(a) 相电压波形

(b) 滤波后相电压波形

图 3-15　MMC 相电压波形

根据 3.3.5 节的结论可知，单单依靠数学分析很难得出调制算法的具体表达式，因此本章在此通过采用实验验证的方法对 POD-PWM 做进一步深入分析，研究在一定条件下三角载波的频率对输出电压谐波含量的具体影响。设调制度为 0.975，正弦调制波为工频 50Hz，仿真结果如表 3-3 所示。由表 3-3 可知，当三角载波频率为 8017Hz 时，输出相电压、线电流的 THD 达到最低。

表 3-3　载波频率与输出电压、电流 THD

三角波频率/Hz	相电压 THD/%	线电流 THD/%
10000	2.40	0.93
9000	0.95	0.93
8500	0.89	0.93
8020	0.65	0.92
8017	0.64	0.92
8010	0.67	0.92
8000	0.71	0.93
7500	1.00	0.94
7000	1.06	0.94

3.5　本章小结

本章针对 MMC 换流器的调制控制策略开展研究，首先对比分析了空间矢量脉冲宽度调制、开关频率优化脉冲宽度调制、载波移相脉冲宽度调制等方法，并在理想情况下采用数学推导和仿真验证的方式比较了 POD-PWM、PD-PWM、APOD-PWM 三种调制技术的特点以及效果。其中，PD-PWM 的相电压谐波畸变率最低，去除谐波效果明显，但其含有大量低次谐波。POD-PWM 和 APOD-PWM 的 THD 较高，但都仅含有 200 次以上的高次谐波，滤波简单，且从实验数据可看出，经过滤波后，THD 也处在一个较低的水平。在上述三种调制方法中，POD-PWM 效果最佳。进而，针对 MMC 子模块电容电压的控制，提出了基于排序建模法的电容电压平衡稳定控制算法，以排序法为基础，通过充放电过程的控制实现电容电压的均衡，并采用建模方法构建闭环控制器，以达到稳定电容电压的目标。最后，基于 MATLAB Simulink 软件对换流器模型进行仿真，通过对输出相电压、线电流、子模块电容电压等参数的仿真结果分析，验证了本章调制方法与控制算法的有效性。

参考文献

[1] 刘凤君. 多电平逆变技术及其应用. 北京: 机械工业出版社, 2007.

[2] Nabae A, Takahashi I, Akagi H. A new neutral-point-clamped PWM inverter. IEEE Transactions on Industry Applications, 1981, 17(5): 518-523.

[3] Tu Q R, Xu Z. Impact of sampling frequency on harmonic distortion for modular multilevel converter. IEEE Transactions on Power Delivery, 2011, 26(1): 297-306.

[4] 郑征, 崔灿. 模块化多电平高压变频器拓扑结构及其控制. 电源技术, 2014, 38(5): 5-11

[5] Holmes D G. A general analytical method for determining the theoretical harmonic components of carrier based PWM strategies. Proceedings of the IEEE Thirty-Third Industry Applications Conference, 1998: 1207-1214.

[6] Bowes S R. New sinusoidal pulse-width modulated inverter. Proceedings of the IEE, 1975, 122(11): 1279-1285.

[7] McGrath B P, Holmes D G, Manjrekar M, et al. An improved modulation strategy for a hybrid multilevel inverter. Proceedings of the IEEE Industry Applications Conference, 2000: 2086-2093.

[8] McGrath B P, Holmes D G. A comparison of multicarrier PWM strategies for cascaded and neutral point clamped multilevel inverters. Proceedings of the IEEE 31st Annual Power Electronics Specialists Conference, 2000: 674-679.

[9] 吴洪洋. 多电平变换器及其相关技术研究[硕士学位论文]. 杭州: 浙江大学, 2001.

[10] 郑征, 张子伟, 张朋. 三相电压型 PWM 整流器不平衡控制策略的研究. 电气传动, 2014(5): 26-30.

[11] 郑征, 崔灿. 模块化多电平高压变频器拓扑结构及其控制. 电源技术, 2014(5): 943-946.

[12] 郑征, 崔灿, 张朋. 基于模块化多电平换流器的新型高压变频器拓扑及其控制. 煤炭学报, 2014, 39(10): 2128-2133.

[13] 荆鹏辉, 郑征, 赵锋. 新型高频隔离双向 DC/DC 变换器的特性分析. 电力电子技术，2014, 48(12): 86-89.

第 4 章　含 MMC-HVDC 的交直流系统稳态模型和潮流计算

4.1 引　　言

目前，国内外已有 4 项已经投入运行的 MMC-HVDC 实际工程，分别为：西门子公司承建的美国旧金山市的 TBC 工程、我国电力科学研究院在上海建立的南汇风电场柔性直流输电示范工程、广东南澳±160kV 多端柔性直流输电示范工程和浙江舟山多端柔性直流输电示范工程。随着现代电力电子和自动控制技术的持续发展，MMC-HVDC 在实际工程中将会获得越来越多的应用。

正如本书第 1 章所述，目前对于 MMC-HVDC 的研究主要集中在数学模型、调制策略、子模块电容均压、MMC 启动方法、MMC 内部环流、系统控制和 MMC 阀试验，以及含 MMC-HVDC 多端直流（Multi-terminal Direct Current，MTDC）系统中。对 MMC-HVDC 建模的研究，主要有基于简化等效的模型、开关函数模型和状态空间模型等，而对基于其潮流方程的稳态模型和相关算法的研究略显不足，而含 MMC-HVDC 交直流系统的潮流计算是分析其稳态特性以及控制运行方式的前提，也是分析其暂态特性和相应的控制保护技术的重要基础。因此，对开展含 MMC-HVDC 的交直流系统的稳态模型和潮流计算研究具有重要意义。

为此，本章基于电路原理中的平衡桥同电位点可以短接的等效理论，建立 MMC-HVDC 的简化等效电路模型，导出含 MMC-HVDC 的交直流混合系统潮流计算的稳态数学方程，并依据所建立的稳态模型和 MMC-HVDC 控制方式，分析适用于含 MMC-HVDC 的交直流混合系统的潮流算法，最后通过算例验证本章所建立模型和算法的有效性。

4.2 MMC-HVDC 简化等效模型

基于第 2 章等效电路模型分析，可以得到两端 MMC-HVDC 输电系统中 MMC 换流站的单相稳态等效电路，如图 4-1 所示。图中 $\dot{U}_{si}=U_{si}\angle\theta_{si}$ 为第 i 个 MMC 换流站与交流系统连接处的电压相量；$\dot{U}_{ci}=U_{ci}\angle\theta_{ci}$ 为第 i 个 MMC 换流阀的输出基波电压相量；R_i 为第 i 个 MMC 内部损耗和换流变压器损耗的等效电阻；$\mathrm{j}X_{Li}$ 为换流变压器的阻抗和一相阀电抗器的等值电抗；P_{si} 和 Q_{si} 分别为交流系统流入换流变压器的有功功率和无功功率；P_{ci} 和 Q_{ci} 分别为流入换流桥的有功功率和无功功率；k 为换流变压器变比（为方便讨论，本章设定 k=1）；PCC（Point of Common Coupled）为交流系统的公共连接点。

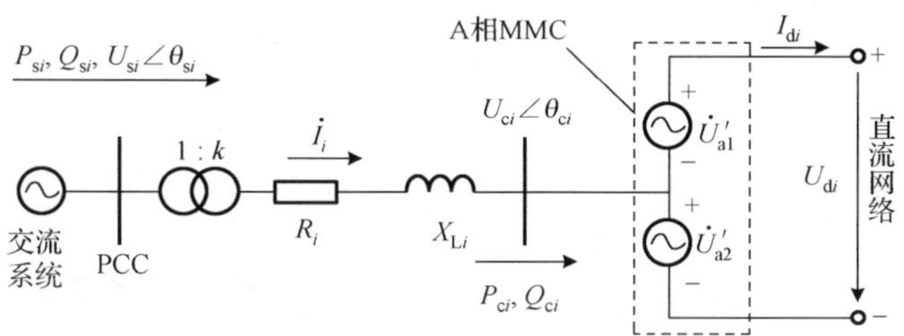

图 4-1　单相 MMC-HVDC 稳态等效图

PCC 是 MMC-HVDC 直流系统和交流系统的分界点，保持 PCC 电压稳定是维持交流系统和直流系统稳定的前提[1]。

设交流电网流入 PCC，即流过换流变压器的电流为 $\dot{I}_i$，其方向如图 4-1 所示，则

$$\dot{\boldsymbol{I}}_i = \frac{\dot{\boldsymbol{U}}_{si} - \dot{\boldsymbol{U}}_{ci}}{\mathrm{j}X_{Li}} \tag{4-1}$$

设 $\tilde{S}_{si}$ 为交流系统流入变压器的复功率，则

$$\tilde{S}_{si} = P_{si} + \mathrm{j}Q_{si} = \dot{\boldsymbol{U}}_{si}\dot{\boldsymbol{I}}_i^* \tag{4-2}$$

式中，$\dot{\boldsymbol{I}}_i^*$ 表示 $\dot{\boldsymbol{I}}_i$ 的共轭。

将式（4-1）代入式（4-2），进一步推导可得

$$P_{si} = \frac{U_{si}U_{ci}\sin(\theta_{si} - \theta_{ci})}{X_{Li}} \tag{4-3}$$

$$Q_{si} = \frac{U_{si}[U_{si} - U_{ci}\cos(\theta_{si} - \theta_{ci})]}{X_{Li}} \tag{4-4}$$

设 $\delta_i = \theta_{si} - \theta_{ci}$，$|Y_i| = \dfrac{1}{\sqrt{R_i^2 + X_{Li}^2}}$，$\alpha_i = \mathrm{arctg}\left(\dfrac{X_{Li}}{R_i}\right)$，可得

$$P_{si} = -|Y_i|U_{si}U_{ci}\cos(\delta_i + \alpha_i) + |Y_i|U_{si}^2\cos\alpha_i \tag{4-5}$$

$$Q_{si} = -|Y_i|U_{si}U_{ci}\sin(\delta_i + \alpha_i) + |Y_i|U_{si}^2\sin\alpha_i \tag{4-6}$$

$$P_{ci} = |Y_i|U_{si}U_{ci}\cos(\delta_i - \alpha_i) - |Y_i|U_{ci}^2\cos\alpha_i \tag{4-7}$$

$$Q_{ci} = -|Y_i|U_{si}U_{ci}\sin(\delta_i - \alpha_i) - |Y_i|U_{ci}^2\sin\alpha_i \tag{4-8}$$

由于 MMC 换流桥臂的损耗已由 R_i 等效，所以直流功率 P_{di} 与注入换流桥的 P_{ci} 相等，可得

$$P_{di} = U_{di} I_{di} = |Y_i| U_{si} U_{ci} \cos(\delta_i - \alpha_i) - |Y_i| U_{ci}^2 \cos\alpha_i \tag{4-9}$$

电压 U_{ci} 由直流电压利用率 μ（$0 < \mu \leqslant 1$）、调制度 M（$0 < M < 1$）共同决定[2]，即

$$U_{ci} = \frac{\mu_i M_i U_{di}}{\sqrt{2}} \tag{4-10}$$

从而，式（4-1）～式（4-10）构成了标幺制下 MMC-HVDC 的稳态模型。

4.3 含 MMC-HVDC 的交直流系统潮流计算

4.3.1 含 MMC-HVDC 交直流系统潮流方程

对含 MMC-HVDC 的交直流混合系统，按照节点是否接有换流变压器，可将节点分为直流节点和纯交流节点。直流节点是指换流变压器的一次侧所连接的节点，纯交流节点是指不与换流变压器相连的节点。设系统的节点总数为 n，假设其中 MMC 的个数为 n_{MMC}，则直流节点数为 n_{MMC}，纯交流节点数为 $n_{\text{ac}}=n-n_{\text{MMC}}$。假设交直流混合系统的节点编号顺序为：1～$n_{\text{ac}}$ 节点为纯交流节点，其中有一个平衡节点；$n_{\text{ac}}+1$～n 节点为直流节点。

对交流系统，其纯交流节点的潮流计算方程为

$$\begin{cases} \Delta P_{ai} = P_{ai} - U_{ai} \sum\limits_{j \in i} U_j (G_{ij} \cos\theta_{ij} + B_{ij} \sin\theta_{ij}) \\ \Delta Q_{ai} = Q_{ai} - U_{ai} \sum\limits_{j \in i} U_j (G_{ij} \sin\theta_{ij} - B_{ij} \cos\theta_{ij}) \end{cases} \tag{4-11}$$

式中，下标 a 表示此节点为纯交流节点，a=1,2,…,n_{ac}；下标 i 表示第 i 个节点，i=1,2,…,n；下标 j 为与节点 i 直接相连的所有节点（公式中用 $j \in i$ 表示）；U、θ 为节点电压辐值和相角，G、B 为节点导纳矩阵的实部和虚部。

对于直流节点，其潮流计算方程为

$$\begin{cases} \Delta P_{ti} = \pm P_{ti} - U_{ti} \sum\limits_{j \in i} U_j (G_{ij} \cos\theta_{ij} + B_{ij} \sin\theta_{ij}) \\ \Delta Q_{ti} = \pm Q_{ti} - U_{ti} \sum\limits_{j \in i} U_j (G_{ij} \sin\theta_{ij} - B_{ij} \cos\theta_{ij}) \end{cases} \tag{4-12}$$

式中，下标 t 表示此节点为直流节点；正负号分别对应整流器和逆变器。

根据前面推导建立的式（4-5）、式（4-6）和式（4-9）所示的 MMC-HVDC 系统稳态模型，可得到直流系统换流器的基本潮流计算方程为

$$\begin{cases}\Delta d_{k1}=P_{tk}+\dfrac{\sqrt{6}}{4}M_kU_{tk}U_{dk}\left|Y\right|\cos(\delta_k+\alpha_k)-U_{tk}^2\left|Y\right|\cos\alpha_k\\ \Delta d_{k2}=Q_{tk}+\dfrac{\sqrt{6}}{4}M_kU_{tk}U_{dk}\left|Y\right|\sin(\delta_k+\alpha_k)-U_{tk}^2\left|Y\right|\sin\alpha_k\\ \Delta d_{k3}=U_{dk}I_{dk}-\dfrac{\sqrt{6}}{4}M_kU_{tk}U_{dk}\left|Y\right|\cos(\delta_k-\alpha_k)+\dfrac{3}{8}\left(M_kU_{dk}\right)^2\left|Y\right|\cos\alpha_k\end{cases}\tag{4-13}$$

式中，下标 d 表示为 MMC 的直流侧；k 表示接入直流网络的第 k 个 MMC，k=1,2,…, n_{MMC}；M_k 为第 k 个 MMC 的调制度。

对于第 i 个 MMC，式（4-13）有 4 个待求变量：$\boldsymbol{x}_{di}=\left[U_{di},I_{di},\delta_i,M_i\right]$，因此为使变量可解，还需添加一个方程。对于复杂的多端直流网络，用节点方程可以表示为

$$\dot{\boldsymbol{I}}_d=\boldsymbol{G}_d\dot{\boldsymbol{U}}_d\tag{4-14}$$

式中，$\boldsymbol{G}_d$ 是直流网络节点电导矩阵；$\dot{\boldsymbol{I}}_d$ 是直流电流向量；$\dot{\boldsymbol{U}}_d$ 是直流电压向量。

由式（4-14）可以得到第 4 个潮流计算方程

$$\Delta d_{k4}=\pm I_{dk}-\sum_{s=1}^{n_{ac}}g_{dks}U_{ds}=0\tag{4-15}$$

式中，g_{dks} 为直流网络节点导纳矩阵的元素，s=1，2，…，n_{ac}。

至此，式（4-11）～式（4-13）和式（4-15）组成了含 MMC-HVDC 的交直流混合系统潮流的计算方程。

4.3.2　交直流潮流统一迭代算法

从数学上讲，统一迭代法是原先纯交流潮流计算问题的扩展，其扩展方程为直流潮流方程，扩展状态变量为直流系统状态变量与直流节点的节点功率。由式（4-11）～式（4-13）和式（4-15）联立可得含 MMC-HVDC 的交直流混合系统潮流的计算方程，现用以下方程进行描述

$$\begin{cases}\boldsymbol{f}_{ac}=\boldsymbol{0}\\ \boldsymbol{f}_{ac\text{-}dc}=\boldsymbol{0}\\ \boldsymbol{f}_{dc}=\boldsymbol{0}\end{cases}\tag{4-16}$$

式中，$\boldsymbol{f}_{ac}=\left[\Delta P_{a1},\Delta Q_{a1},\cdots,\Delta P_{an_{ac}},\Delta Q_{an_{ac}}\right]^{T}$；$\boldsymbol{f}_{ac\text{-}dc}=\left[\Delta P_{t1},\Delta Q_{t1},\cdots,\Delta P_{tn_{MMC}},\Delta Q_{tn_{MMC}}\right]^{T}$；$\boldsymbol{f}_{dc}=[\Delta d_{11},\Delta d_{12},\Delta d_{13},\Delta d_{14},\cdots,\Delta d_{n_{MMC}1},\Delta d_{n_{MMC}2},\Delta d_{n_{MMC}3},\Delta d_{n_{MMC}4}]^{T}$；T 为转置。

对式（4-16）进行泰勒级数展开，并忽略二阶及以上高阶项，可得其牛顿-拉夫逊的修正方程

$$\Delta\boldsymbol{f}=-\boldsymbol{J}\Delta\boldsymbol{x}\tag{4-17}$$

式中

$$\boldsymbol{J}(\boldsymbol{x}_{\text{ac}},\boldsymbol{x}_{\text{ac-dc}},\boldsymbol{x}_{\text{dc}})=\begin{bmatrix}\dfrac{\partial \boldsymbol{f}_{\text{ac}}}{\partial \boldsymbol{x}_{\text{ac}}} & \dfrac{\partial \boldsymbol{f}_{\text{ac}}}{\partial \boldsymbol{x}_{\text{ac-dc}}} & \dfrac{\partial \boldsymbol{f}_{\text{ac}}}{\partial \boldsymbol{x}_{\text{dc}}}\\ \dfrac{\partial \boldsymbol{f}_{\text{ac-dc}}}{\partial \boldsymbol{x}_{\text{ac}}} & \dfrac{\partial \boldsymbol{f}_{\text{ac-dc}}}{\partial \boldsymbol{x}_{\text{ac-dc}}} & \dfrac{\partial \boldsymbol{f}_{\text{ac-dc}}}{\partial \boldsymbol{x}_{\text{dc}}}\\ \dfrac{\partial \boldsymbol{f}_{\text{dc}}}{\partial \boldsymbol{x}_{\text{ac}}} & \dfrac{\partial \boldsymbol{f}_{\text{dc}}}{\partial \boldsymbol{x}_{\text{ac-dc}}} & \dfrac{\partial \boldsymbol{f}_{\text{dc}}}{\partial \boldsymbol{x}_{\text{dc}}}\end{bmatrix}=\begin{bmatrix}\boldsymbol{J}_{\text{a-a}} & \boldsymbol{0} & \boldsymbol{0}\\ \boldsymbol{J}_{\text{ad-a}} & \boldsymbol{J}_{\text{ad-ad}} & \boldsymbol{0}\\ \boldsymbol{J}_{\text{d-a}} & \boldsymbol{J}_{\text{d-ad}} & \boldsymbol{J}_{\text{d-d}}\end{bmatrix} \tag{4-18}$$

式中，$\Delta\boldsymbol{f}=[\boldsymbol{f}_{\text{ac}}^{\text{T}},\boldsymbol{f}_{\text{ac-dc}}^{\text{T}},\boldsymbol{f}_{\text{dc}}^{\text{T}}]^{\text{T}}$；$\Delta\boldsymbol{x}=[\Delta\boldsymbol{x}_{\text{ac}}^{\text{T}},\Delta\boldsymbol{x}_{\text{ac-dc}}^{\text{T}},\Delta\boldsymbol{x}_{\text{dc}}^{\text{T}}]^{\text{T}}$；$\Delta\boldsymbol{x}_{\text{ac}}=[\Delta U_1,\Delta\theta_1,\cdots,\Delta U_n,\Delta\theta_n]^{\text{T}}$；$\Delta\boldsymbol{x}_{\text{ac-dc}}=[\Delta P_{\text{t1}},\Delta Q_{\text{t1}},\cdots,\Delta P_{\text{t}n_{\text{MMC}}},\Delta Q_{\text{t}n_{\text{MMC}}}]^{\text{T}}$；$\Delta\boldsymbol{x}_{\text{dc}}=[\Delta U_{\text{d1}},\Delta I_{\text{d1}},\Delta\delta_1,\Delta M_1,\cdots,\Delta U_{\text{d}n_{\text{MMC}}},\Delta I_{\text{d}n_{\text{MMC}}},\Delta\delta_{n_{\text{MMC}}},\Delta M_{n_{\text{MMC}}}]^{\text{T}}$。$\boldsymbol{J}$ 的维数为$[2(n-1)+4n_{\text{MMC}}]\times[2(n-1)+6n_{\text{MMC}}]$，$\boldsymbol{J}_{\text{a-a}}$ 的维数为 $2(n-1)\times2(n-1)$；$\boldsymbol{J}_{\text{ad-a}}$ 的维数为 $2n_{\text{MMC}}\times2(n-1)$；$\boldsymbol{J}_{\text{d-a}}$ 的维数为 $2n_{\text{MMC}}\times 2(n-1)$；$\boldsymbol{J}_{\text{ad-ad}}$ 的维数为 $2n_{\text{MMC}}\times2n_{\text{MMC}}$；$\boldsymbol{J}_{\text{d-ad}}$ 的维数为 $2n_{\text{MMC}}\times2n_{\text{MMC}}$；$\boldsymbol{J}_{\text{d-d}}$ 的维数为 $2n_{\text{MMC}}\times4n_{\text{MMC}}$。

对 n 节点系统，当其含有 n_{MMC} 个 MMC 时，共可列出 $2(n-1)+4n_{\text{MMC}}$ 个方程，其中有 $2(n-1)+6n_{\text{MMC}}$ 个变量。考虑到 MMC-HVDC 中 MMC 的常用稳态控制方式的不同，需要根据给定的控制方式消去对应的 $2n_{\text{MMC}}$ 个变量，具体修正方法如下：

（1）当第 i 个 MMC 为定直流电压控制时，即 $U_{\text{d}i}$ 为确定值，则$\Delta\boldsymbol{x}$ 中去掉$\Delta U_{\text{d}i}$，$\boldsymbol{J}$ 去掉对应的列；

（2）当第 i 个 MMC 为定交流电压控制时，即 $U_{\text{t}i}$ 为确定值，则$\Delta\boldsymbol{x}$ 去掉$\Delta U_{\text{t}i}$，$\boldsymbol{J}$ 去掉对应的列；

（3）当第 i 个 MMC 为定有功功率控制时，即 $P_{\text{t}i}$ 为确定量，则$\Delta\boldsymbol{x}$ 去掉$\Delta P_{\text{t}i}$，$\boldsymbol{J}$ 去掉对应的列；

（4）当第 i 个 MMC 为定无功功率控制时，即 $Q_{\text{t}i}$ 为确定量，则$\Delta\boldsymbol{x}$ 去掉$\Delta Q_{\text{t}i}$，$\boldsymbol{J}$ 去掉对应的列。

综上，含 MMC-HVDC 的交直流系统的统一迭代法流程图如图 4-2 所示，图中 l 为算法迭代的次数。

图 4-2 中交直流变量初始化步骤：交流系统中直流节点的类型可按控制方式设为 PQ、PV 节点，功率和电压参数由设定值给出。直流系统各变量的迭代初值为

$$\begin{cases}U_{\text{d}k}^{(0)}=U_{\text{d}k}^{\text{ref}},k\in\text{CV}\\ U_{\text{d}k}^{(0)}=U_{\text{d}k}^{\text{N}},k\notin\text{CV}\\ I_{\text{d}k}^{(0)}=P_{\text{t}k}/U_{\text{d}k}^{(0)}\\ \delta_k^{(0)}=\arctan\left(P_{\text{t}k}/(U_{\text{t}k}^2/X_{\text{L}k}+U_{\text{t}k}^2/X_{\text{f}k}-Q_{\text{t}k})\right)\\ M_k^{(0)}=(2\sqrt{6}/3)(P_{\text{t}k}X_{\text{L}k}/(U_{\text{t}k}U_{\text{d}k}^{(0)}\sin\delta_k^{(0)}))\end{cases} \tag{4-19}$$

式中，$k \in \mathrm{CV}$ 表示第 k 个换流器为定直流电压控制，$k \notin \mathrm{CV}$ 表示第 k 个换流器不属于定直流电压控制；上标 0 表示第 0 次迭代的初值，上标 ref 表示为设定值，上标 N 表示为额定值。

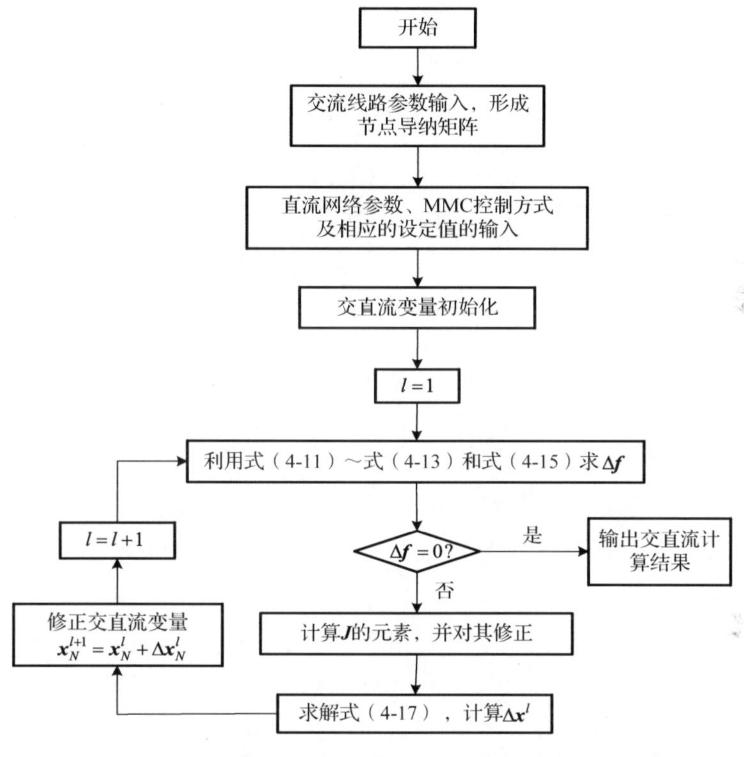

图 4-2　统一迭代法流程图

对于定直流电压控制的 MMC，由于计算前直流系统损耗未知，P_{tk} 可由式（4-20）估计得到，即

$$P_{\mathrm{t}k} = -\sum_{s=1,s\notin \mathrm{CV}}^{n_{\mathrm{MMC}}} P_{\mathrm{ts}}^{\mathrm{ref}} \tag{4-20}$$

4.4　算 例 分 析

为验证本章算法的正确性和适用性，分别对修改后的 IEEE-14、IEEE-30、IEEE-57 节点的标准算例（详见第 8 章）进行仿真计算。不失一般性，本章在此主要对修改后的 IEEE-57 节点系统的仿真结果进行分析。

4.4.1　含两端 MMC-HVDC 的 IEEE-57 节点系统

图 4-3 为修改后的 IEEE-57 节点交直流混合系统，其中 MMC_1、MMC_2 分别连接于节点 56 和 57 上，MMC 换流器的参数设置为：$X_L = 0.15$，$R = 0.006$，直流电阻 $R_d = 0.03$。

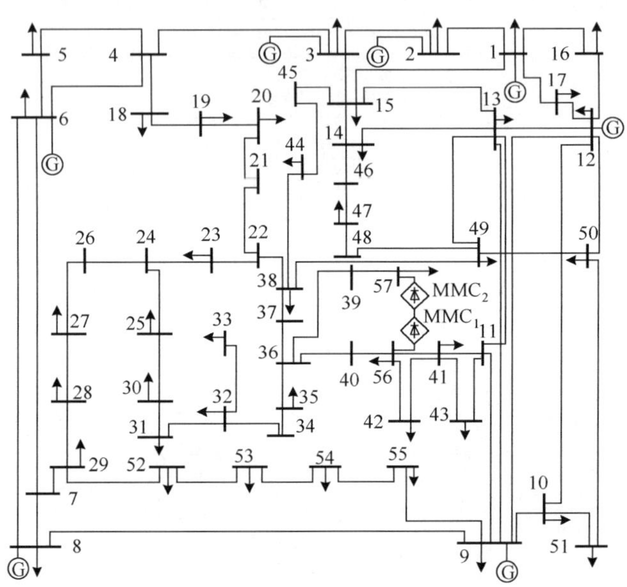

图 4-3　修改后的 IEEE-57 节点交直流混合系统

MMC-HVDC 控制方式设定如下。

方案 1：MMC_1 为定直流电压（U_{d1}^{ref}=2.0000）、定交流无功功率（Q_{s1}^{ref}=0.0002）控制；MMC_2 为定交流有功功率（P_{s2}^{ref}=–0.028）、定交流无功功率（Q_{s2}^{ref}=0.012）控制。

方案 2：MMC_1 为定直流电压（U_{d1}^{ref}=2.0000）、定交流电压（U_{s1}^{ref}=0.968369）控制；MMC_2 为定交流有功功率（P_{s2}^{ref}=–0.028）、定交流电压（U_{s2}^{ref}=0.964826）控制。

方案 3：MMC_1 为定直流电压（U_{d1}^{ref}=2.0000）、定交流无功功率（Q_{s1}^{ref}=0.000 2）控制；MMC_2 为定交流有功功率（P_{s2}^{ref}=–0.028）、定交流电压（U_{s2}^{ref}=1.000000）控制。

方案 4：MMC_1 为定直流电压（U_{d2}^{ref}=1.9863）、定交流电压（U_{s2}^{ref}=1.000000）控制；MMC_2 为定交流有功功率（P_{s2}^{ref}=–0.028）、定交流电压（U_{s2}^{ref}=1.000000）控制。以上数值均为标幺值。

表 4-1、表 4-2、表 4-3 分别列出了交流系统、直流系统潮流计算的结果（其中表 4-1、表 4-2 仅列出了节点 1～节点 20 的数据），对比第 8 章中表 8-9（表 8-9 为纯交流 IEEE-57 节点系统的潮流结果），可知本章提出的统一迭代法具有较高的精确性，同时表明了统一法在不同控制方式下的计算结果基本一致，验证了统一迭代法、MMC 的不同控制方式及其设定值的正确性。

表4-1　统一迭代法交流系统潮流结果（方案1和方案2）

节点号	方案1		方案2	
	V	电压相角/°	V	电压相角/°
1	1.040000	0	1.040000	0
2	1.010000	−1.182129	1.010000	−1.187049
3	0.985000	−6.987985	0.985000	−6.983443
4	0.980735	−7.337782	0.980761	−7.331881
5	0.976848	−8.546073	0.976493	−8.536944
6	0.980000	−8.673384	0.980000	−8.662708
7	0.984290	−7.600347	0.984415	−7.588730
8	1.005000	−4.475555	1.005000	−4.461465
9	0.980000	−9.581424	0.980000	−9.565304
10	0.986330	−11.445440	0.986600	−11.432050
11	0.973876	−10.188537	0.976385	−10.208782
12	1.015000	−10.468099	1.015000	−10.456837
13	0.978993	−9.802131	0.979924	−9.807081
14	0.970370	−9.349987	0.971315	−9.358891
15	0.988155	−7.190132	0.988734	−7.195586
16	1.013371	−8.856710	1.013378	−8.848654
17	1.017457	−6.394736	1.017465	−6.390549
18	1.004935	−11.704298	1.005207	−11.696811
19	0.973176	−13.189269	0.974160	−13.206075
20	0.965978	−13.406048	0.967407	−13.439013

注：V为标么值。

表4-2　统一迭代法交流系统潮流结果（方案3和方案4）

节点号	方案3		方案4	
	V	电压相角/°	V	电压相角/°
1	1.040000	0	1.040000	0
2	1.010000	−1.187521	1.010000	−1.186612
3	0.985000	−6.985427	0.985000	−6.981606
4	0.980751	−7.334735	0.980774	−7.329704
5	0.976490	−8.541844	0.976498	−8.533917
6	0.980000	−8.668593	0.980000	−8.659278
7	0.984365	−7.595334	0.984473	−7.585172
8	1.005000	−4.470210	1.005000	−4.457708
9	0.980000	−9.576112	0.980000	−9.561641
10	0.986468	−11.439347	0.986705	−11.427651
11	0.974073	−10.187809	0.976473	−10.207848
12	1.015000	−10.463642	1.015000	−10.453680
13	0.979240	−9.802181	0.980100	−9.807183
14	0.970739	−9.352073	0.971591	−9.360543
15	0.988391	−7.191361	0.988910	−7.196588
16	1.013374	−8.853522	1.013380	−8.846396
17	1.017460	−6.393079	1.017468	−6.389375
18	1.005095	−11.699431	1.005330	−11.693209
19	0.973778	−13.195890	0.974625	−13.211250
20	0.966856	−13.420352	0.968086	−13.450044

表 4-3 统一迭代法直流系统潮流结果

换流器	方案	参数					
		U_d	I_d	$\delta/°$	M	P_s	Q_s
MMC_1	方案 1	2.000000	0.0140054	0.00450269	0.788608	0.0280159	0.000200
	方案 2	2.000000	0.0140054	0.00456679	0.824654	0.0280430	−0.0676590
	方案 3	2.000000	0.0140060	0.00449165	0.789592	0.0280170	0.000200
	方案 4	2.000000	0.0140057	0.00455628	0.824413	0.0280421	−0.06568701
MMC_2	方案 1	1.999580	−0.0140054	−0.00444095	0.794885	−0.028000	0.012000
	方案 2	1.999580	−0.0140054	−0.00439652	0.798892	−0.028000	0.00515343
	方案 3	1.999580	−0.0140060	−0.00409991	0.818653	−0.028000	−0.0150228
	方案 4	1.999580	−0.0140057	−0.00411902	0.818298	−0.0280000	−0.01212926

注：U_d、I_d、P_s、Q_s为标幺值。

4.4.2 含多端 MMC-HVDC 的 IEEE-57 节点系统

与两端直流输电相比，MTDC 系统的输电能力更强，运行方式也更灵活，是今后直流输电的一个重要发展方向[3-7]。为此，本章还对含多端 MMC-HVDC 的 IEEE-57 节点交直流混合系统（详见第 8 章）进行了仿真，MMC_1、MMC_2和 MMC_3分别连接于节点 56、57 和 41 上，其控制方式和设定值分别为以下几种。

方案 1：MMC_1为定直流电压（$U_{d1}^{ref}=2.0000$）、定交流无功功率（$Q_{s1}^{ref}=-0.2221$）控制；MMC_2为定交流有功功率（$P_{s2}^{ref}=-0.3561$）、定交流无功功率（$Q_{s2}^{ref}=-0.2665$）控制；MMC_3为定交流有功功率（$P_{s3}^{ref}=-0.8435$）、定交流无功功率（$Q_{s2}^{ref}=-0.3350$）控制。

方案 2：MMC_1为定直流电压（$U_{d1}^{ref}=2.0000$）、定交流无功功率（$Q_{s1}^{ref}=-0.2221$）控制；MMC_2采用定交流有功功率（$P_{s2}^{ref}=-0.3561$）、定交流无功功率（$U_{s2}^{ref}=0.976499$）控制；MMC_3为定交流有功功率（$P_{s3}^{ref}=-0.8435$）、定交流电压（$U_{s3}^{ref}=0.9800$）控制。

表 4-4 为含多端 MMC-HVDC 的 IEEE-57 算例潮流仿真的直流系统结果。

表 4-4 直流系统潮流结果

参数	MMC_1		MMC_2		MMC_3	
	方案 1	方案 2	方案 1	方案 2	方案 1	方案 2
U_d	2.000000	2.000000	1.992150	1.992150	1.989680	1.989680
I_d	0.605636	0.605500	−0.179318	−0.179196	−0.426318	−0.426305
$\delta/°$	10.374100	10.695300	−2.709810	−3.302150	−7.465860	−7.784900
M	0.844120	0.832284	0.875644	0.788726	0.888431	0.789924
P_s	1.220680	1.220720	−0.356100	−0.356100	−0.843500	−0.843500
Q_s	−0.222100	−0.222100	−0.266500	−0.117743	−0.335000	−0.206264

由表 4-3 和表 4-4 的对比分析可知，在方案 1 和方案 2 两种不同的情形下，本章所提出的算法的直流系统潮流结果基本一致，从而验证了本章所提出的统一法对于 MTDC 系统的适用性。

4.4.3　不同算例和不同控制方式之间的性能比较

表 4-5 为不同算例之间在方案 1 和方案 2 情况下的计算性能比较。

表 4-5　不同算例的性能比较

算　例		方案 1		方案 2	
		迭代次数	迭代时间/s	迭代次数	迭代时间/s
两端	IEEE-14	5	0.003740	5	0.003 430
	IEEE-30	5	0.013420	5	0.013 590
	IEEE-57	5	0.066570	5	0.067 820
多端 IEEE-57		5	0.077320	5	0.075 900

由表 4-5 可知，从计算时间上来看，统一迭代法在方案 1 和方案 2 时处于同等数量级，并且两端和多端系统的计算时间相当；随着网络规模的增大，统一迭代法的迭代次数没有受到明显地影响，因此具有较强的实际应用价值。

4.5　本 章 小 结

目前对 MMC-HVDC 系统的建模分析主要有三类方法：基于简化等效的建模、开关函数建模、状态空间建模，这三类方法都是基于软件实现的仿真方法；由于潮流计算是分析电力系统稳态特性、暂态特性、运行方式和控制保护等的前提和基础，而目前缺乏对基于 MMC-HVDC 潮流方程的分析，亟待开展对应的研究工作。

为此，本章结合 MMC-HVDC 的特性，通过建立标幺制下 MMC-HVDC 的稳态模型，推导了含 MMC-HVDC 交直流系统的纯交流节点的潮流方程、直流节点的潮流方程和 MMC 换流器的基本潮流计算方程，提出了基于统一迭代的交直流潮流算法。多个算例和不同运行工况之间的性能比较表明，本章方法在含两端和多端 MMC-HVDC 的交直流系统算例中，对于不同的控制目标、不同的控制方式组合、不同的系统和网络规模均具有良好的收敛性，并验证了 MMC 控制参数设定值的正确性。从计算时间上讲，本章方法在不同的控制方式下，两端和多端算例系统的计算时间基本一致；从迭代次数上讲，本章方法的迭代次数并未随着系统规模的增大而发生明显变化，表明了本章方法对 MMC-HVDC 系统处理的有效性。本章的工作为接下来研究含 MMC-HVDC 的交直流混合系统稳定特性奠定了初步的基础。

参 考 文 献

[1]　王姗姗, 周孝信, 汤广福, 等. 交流电网强度对模块化多电平换流器HVDC运行特性的影响. 电网技术, 2011, 35(2): 17-24.

[2] 王姗姗, 周孝信, 汤广福, 等. 模块化多电平换流器HVDC直流双极短路子模块过电流分析. 中国电机工程学报, 2010, 31(1): 1-7.

[3] Adam G P, Anaya-lara O, Burt G. Multi-terminal DC transmission system based on modular multilevel converter. Proceedings of the 44th International Universities Power Engineering Conference, Glasgow, Scotland, UK, 2009: 1-5.

[4] Zhang X. Multiterminal voltage-sourced converter-based HVDC models for power flow analysis. IEEE Transactions on Power Systems, 2004, 19(4): 1877-1884.

[5] Cole S, Beerten J, Belmans R. Generalized dynamic VSC MTDC model for power system stability studies. IEEE Transactions on Power Systems, 25(3): 1655-1662, 2010.

[6] Wei Y F, He Q, Sun Y H, et al. Improved power flow algorithm for VSC-HVDC system based on high-order Newton-type method. Mathematical Problems in Engineering, 2013. doi:10.1155/2013/235316.

[7] 韦延方, 卫志农, 孙国强, 等. 适用于电压源换流器型高压直流输电的模块化多电平换流器最新研究进展. 高电压技术, 2012, 38(5): 1243-1252.

第 5 章　基于保留非线性的改进潮流算法

5.1　引　　言

由于 MMC-HVDC 直流系统的引入，导致交直流系统变量的种类和数量大大增加，使交直流系统的建模变得更为复杂；并且随着 MMC-HVDC 直流线路的增加，交直流系统方程、雅可比矩阵的维数和规模陡增，使得雅可比矩阵的形成和计算变得非常烦琐，计算效率随之受到影响。为此，本章采用自动微分（Automatic Differentiation，AD）技术，利用原函数的计算代码自动、精确地求取对应的雅可比矩阵，以减小手动编程的工作量，提高程序的开发效率。同时，考虑到 AD 技术在具体实施时的一定局限性，即需要多次调用 AD 函数库，占用了 CPU 时间和内存空间，计算效率低下[1-3]，本章针对此问题，基于统一迭代法提出一种基于 AD 技术和保留非线性的方法。此方法根据系统变量初值，只需调用一次 AD 生成雅可比矩阵，可大大减少程序运行时间。最后，通过多组算例验证所提出的模型和算法的有效性。

5.2　自动微分技术

1. 自动微分技术概况

AD 最早是由 Beda L M 等在 20 世纪 60 年代提出[4]，但由于 AD 初期技术的一些缺陷，当时并未引起科研工作者的关注。直到 20 世纪 80 年代，随着 AD 技术的日趋完善，诸多学者开展了一系列的研究工作，取得了显著的成果[5, 6]。

AD 技术在实际计算中有着极其广泛的应用，从被应用对象形成的数学问题类型的角度考虑，AD 技术的应用主要有数值分析[7, 8]、灵敏度分析[9, 10]、非线性优化[11]。近年来，AD 技术逐渐成为对大规模计算程序实用的技术，正日趋成熟。

2. 自动微分技术的原理

AD 技术讨论如何以合理的代价来求解数值函数的梯度、雅可比矩阵、高阶导数和微分以及多种矩阵−向量乘积形式的微分。AD 技术依赖于以下事实，无论函数多么复杂，总是由一系列基本元函数（如 sin、cos、exp 等）和四则运算符（+、−、×、÷）经过有限次组合而成。根据链式法则可以形式地对函数进行线性化处理，从而自动获取函数的任意阶导数。

目前 AD 技术有 2 种模式：正模式和逆模式，它们的区别在于怎样运用链式法则计算传递函数。对于一个函数，如果从独立变量到中间变量按照与程序执行一致的计算路径求导，传递中间变量关于独立变量的导数，则为正模式；相反地，如果从依赖变量到中间变量按照与程序执行相反的计算路径求导，传递依赖变量关于中间变量的导数，则为逆模式[1, 2, 12]。

下面以式（5-1）为例具体说明正模式与逆模式的执行过程。

$$f(x)=x_1\sin x_2+\mathrm{e}^{x_1x_2} \tag{5-1}$$

将式（5-1）所示的函数通过引入独立变量和中间变量分解成一系列的基本运算，如表 5-1 所示。由此在已知独立变量的值之后，自顶而下就可以得到函数的精确值 y。

表 5-1　独立变量和中间变量

分类	变量
独立变量	x_1、x_2
中间变量	$x_3=\sin x_2$、$x_4=x_1x_3$、$x_5=x_1x_2$、$x_6=\mathrm{e}^{x_5}$、$x_7=x_4+x_6$、$y=x_7$

给定 $\dot{x}_1$、$\dot{x}_2$，通过使用微分计算的链式法则，AD 技术可以以完全机械的方式得到函数的微分。正模式和逆模式的执行过程如表 5-2 所示，正模式直接按照表 5-2 左栏自上而下求得函数的导数 $\dot{y}$；逆模式先求得函数值 y，再按照表 5-2 右栏自下而上计算函数的导数 $\dot{y}$。

表 5-2　正模式和逆模式

正模式	逆模式
$\dot{x}_3=\cos(x_2)\cdot\dot{x}_2$	$p_2=p_2+x_{3,2}\cdot p_3$
$\dot{x}_4=\dot{x}_1x_3+x_1\dot{x}_3$	$p_1=p_1+x_{4,1}\cdot p_4$，$p_3=p_3+x_{4,3}\cdot p_4$
$\dot{x}_5=\dot{x}_1x_2+x_1\dot{x}_2$	$p_1=p_1+x_{5,1}\cdot p_5$，$p_2=p_2+x_{5,2}\cdot p_5$
$\dot{x}_6=x_6\cdot\dot{x}_5$	$p_5=p_5+x_{6,5}\cdot p_6$
$\dot{x}_7=\dot{x}_4+\dot{x}_6$	$p_4=p_4+x_{7,4}\cdot p_7$，$p_6=p_6+x_{7,6}\cdot p_7$
$\dot{y}=\dot{x}_7$	$p_7=1$

注：$x_{i,j}=\dfrac{\partial x_i}{\partial x_j}$，$p_i=\dfrac{\partial y}{\partial x_i}$。

3. 自动微分技术的实现

1）（例 1）支路上的始端有功功率

设定支路 1-2 上始端有功功率 $P_{1\text{-}2}$ 的解析表达式为

$$P_{1\text{-}2}=(e_1^2+f_1^2)g-(e_1e_2+f_1f_2)g+(e_1f_2-e_2f_1)b \tag{5-2}$$

式中，e、f 分别为节点电压的实部、虚部，g、b 分别为线路的电导、电纳。

（1）引入独立变量 x_1～x_4，其中，$x_1=e_1$，$x_2=f_1$，$x_3=e_2$，$x_4=f_2$。

（2）引入中间变量 x_5～x_{14}，做如下变换

$x_5 = x_1^2$ ，$x_6 = x_2^2$ ，$x_7 = x_1x_3$ ，$x_8 = x_2x_4$ ，$x_9 = x_1x_4$ ，$x_{10} = x_3x_2$ ，$x_{11} = (x_5 + x_6)g$ ，$x_{12} = (x_7 + x_8)g$ ，$x_{13} = (x_9 - x_{10})b$ ，$x_{14} = x_{11} - x_{12}$ ，则

$$P_{1\text{-}2} = x_{14} + x_{13}$$

（3）正模式进行求解

$$\mathrm{d}x_5 = 2x_1\mathrm{d}x_1 \qquad \mathrm{d}x_6 = 2x_2\mathrm{d}x_2$$
$$\mathrm{d}x_7 = x_1\mathrm{d}x_3 + x_3\mathrm{d}x_1 \qquad \mathrm{d}x_8 = x_2\mathrm{d}x_4 + x_4\mathrm{d}x_2$$
$$\mathrm{d}x_9 = x_1\mathrm{d}x_4 + x_4\mathrm{d}x_1 \qquad \mathrm{d}x_{10} = x_3\mathrm{d}x_2 + x_2\mathrm{d}x_3$$
$$\mathrm{d}x_{11} = (\mathrm{d}x_5 + \mathrm{d}x_6)g \qquad \mathrm{d}x_{12} = (\mathrm{d}x_7 + \mathrm{d}x_8)g$$
$$\mathrm{d}x_{13} = (\mathrm{d}x_9 - \mathrm{d}x_{10})b \qquad \mathrm{d}x_{14} = \mathrm{d}x_{11} - \mathrm{d}x_{12}$$
$$\mathrm{d}P_{1\text{-}2} = \mathrm{d}x_{14} + \mathrm{d}x_{13}$$

（4）通过微分计算的链式法则，可以求得 $\mathrm{d}P_{1\text{-}2}$ ，其表达式为

$$\begin{aligned}\mathrm{d}P_{1\text{-}2} &= (2gx_1 - gx_3 + bx_4)\mathrm{d}x_1 + (2gx_2 - gx_4 - bx_3)\mathrm{d}x_2 + (-gx_1 - bx_2)\mathrm{d}x_3 + (-gx_2 + bx_1)\mathrm{d}x_4 \\ &= (2ge_1 - ge_2 + bf_2)\mathrm{d}e_1 + (2gf_1 - gf_2 - be_2)\mathrm{d}f_1 + (-ge_1 - bf_1)\mathrm{d}e_2 + (-gf_1 + be_1)\mathrm{d}f_2\end{aligned} \tag{5-3}$$

从而得到

$$\begin{aligned}\nabla P_{1\text{-}2} &= \left\{\frac{\mathrm{d}P_{1\text{-}2}}{\mathrm{d}e_1}, \frac{\mathrm{d}P_{1\text{-}2}}{\mathrm{d}f_1}, \frac{\mathrm{d}P_{1\text{-}2}}{\mathrm{d}e_2}, \frac{\mathrm{d}P_{1\text{-}2}}{\mathrm{d}f_2}\right\} \\ &= \{2ge_1 - ge_2 + bf_2, 2gf_1 - gf_2 - be_2, -ge_1 - bf_1, -gf_1 + be_1\}\end{aligned} \tag{5-4}$$

（5）逆模式进行求解。

令 $\mathrm{d}x_i = 0 \quad (i = 1, 2, \cdots, 14)$ ，有

$$\mathrm{d}x_{14} = \mathrm{d}x_{14} + \mathrm{d}P_{1\text{-}2} = \mathrm{d}P_{1\text{-}2} \qquad \mathrm{d}x_{13} = \mathrm{d}x_{13} + \mathrm{d}P_{1-2} = \mathrm{d}P_{1\text{-}2}$$
$$\mathrm{d}x_{12} = \mathrm{d}x_{12} - \mathrm{d}x_{14} = -\mathrm{d}P_{1\text{-}2} \qquad \mathrm{d}x_{11} = \mathrm{d}x_{11} + \mathrm{d}x_{14} = \mathrm{d}P_{1\text{-}2}$$
$$\mathrm{d}x_{10} = \mathrm{d}x_{10} - b\mathrm{d}x_{13} = -b\mathrm{d}P_{1\text{-}2} \qquad \mathrm{d}x_9 = \mathrm{d}x_9 + b\mathrm{d}x_{13} = b\mathrm{d}P_{1\text{-}2}$$
$$\mathrm{d}x_8 = \mathrm{d}x_8 + g\mathrm{d}x_{12} = -g\mathrm{d}P_{1\text{-}2} \qquad \mathrm{d}x_7 = \mathrm{d}x_7 + g\mathrm{d}x_{12} = -g\mathrm{d}P_{1\text{-}2}$$
$$\mathrm{d}x_6 = \mathrm{d}x_6 + g\mathrm{d}x_{11} = g\mathrm{d}P_{1\text{-}2} \qquad \mathrm{d}x_5 = \mathrm{d}x_5 + g\mathrm{d}x_{11} = g\mathrm{d}P_{1\text{-}2}$$
$$\mathrm{d}x_3 = \mathrm{d}x_3 + x_2\mathrm{d}x_{10} = -bx_2\mathrm{d}P_{1\text{-}2} \qquad \mathrm{d}x_2 = \mathrm{d}x_2 + x_3\mathrm{d}x_{10} = -bx_3\mathrm{d}P_{1\text{-}2}$$
$$\mathrm{d}x_4 = \mathrm{d}x_4 + x_1\mathrm{d}x_9 = bx_1\mathrm{d}P_{1\text{-}2} \qquad \mathrm{d}x_1 = \mathrm{d}x_1 + x_4\mathrm{d}x_9 = bx_4\mathrm{d}P_{1\text{-}2}$$
$$\mathrm{d}x_4 = \mathrm{d}x_4 + x_2\mathrm{d}x_8 = (bx_1 - gx_2)\mathrm{d}P_{1\text{-}2} \qquad \mathrm{d}x_2 = \mathrm{d}x_2 + x_4\mathrm{d}x_8 = (-bx_3 - gx_4)\mathrm{d}P_{1\text{-}2}$$
$$\mathrm{d}x_1 = \mathrm{d}x_1 + x_3\mathrm{d}x_7 = (bx_4 - gx_3)\mathrm{d}P_{1\text{-}2} \qquad \mathrm{d}x_3 = \mathrm{d}x_3 + x_1\mathrm{d}x_7 = (-bx_2 - gx_1)\mathrm{d}P_{1\text{-}2}$$
$$\mathrm{d}x_2 = \mathrm{d}x_2 + 2x_2\mathrm{d}x_6 = (-bx_3 - gx_4 + 2gx_2)\mathrm{d}P_{1\text{-}2}$$
$$\mathrm{d}x_1 = \mathrm{d}x_1 + 2x_1\mathrm{d}x_5 = (bx_4 - gx_3 + 2gx_1)\mathrm{d}P_{1\text{-}2}$$

由此可得

$$\nabla P_{1\text{-}2} = \{2ge_1 - ge_2 + bf_2, 2gf_1 - gf_2 - be_2, -ge_1 - bf_1, -gf_1 + be_1\} \tag{5-5}$$

可见，AD 技术在正模式和逆模式下的计算结果完全相同。

2)（例 2）发电机有功功率方程

发电机有功功率方程的解析表达式为

$$F = P_{g1} - V_1 I_{d1}\sin(\delta_1 - \theta_1) - V_1 I_{q1}\cos(\delta_1 - \theta_1) \tag{5-6}$$

式中，P_{g1}为发电机有功功率，V_1、θ_1分别为发电机母线端电压的幅值和相角，δ_1为同步发电机的转矩角，I_{d1}、I_{q1}分别为发电机定子电流的直轴和交轴分量。

（1）引入独立变量x_1～x_6，其中，$x_1 = P_{g1}$，$x_2 = V_1$，$x_3 = I_{d1}$，$x_4 = I_{q1}$，$x_5 = \theta_1$，$x_6 = \delta_1$。

（2）引入中间变量x_7～x_{13}，做如下变换：$x_7 = x_2 x_3$，$x_8 = x_5 - x_6$，$x_9 = \sin(x_8)$，$x_{10} = x_2 x_4$，$x_{11} = \cos(x_8)$，$x_{12} = x_7 x_9$，$x_{13} = x_{10} x_{11}$，则

$$F = x_1 - x_{12} - x_{13}$$

（3）运用正模式进行求解

$$\mathrm{d}x_7 = x_2\mathrm{d}x_3 + x_3\mathrm{d}x_2 \qquad \mathrm{d}x_8 = \mathrm{d}x_5 - \mathrm{d}x_6$$

$$\mathrm{d}x_9 = \cos(x_8)\mathrm{d}x_8 \qquad \mathrm{d}x_{10} = x_2\mathrm{d}x_4 + x_4\mathrm{d}x_2$$

$$\mathrm{d}x_{11} = \sin(x_8)\mathrm{d}x_8 \qquad \mathrm{d}x_{12} = x_7\mathrm{d}x_9 + x_9\mathrm{d}x_7$$

$$\mathrm{d}x_{13} = x_{10}\mathrm{d}x_{11} + x_{11}\mathrm{d}x_{10}$$

（4）通过微分计算的链式法则，可以求得$\mathrm{d}F$，其表达式为

$$\mathrm{d}F = \mathrm{d}x_1 - \mathrm{d}x_{12} - \mathrm{d}x_{13} \tag{5-7}$$

令$t_1 = \delta_1 - \theta_1$，可得

$$\begin{aligned}\nabla F &= \left\{\frac{\mathrm{d}F}{\mathrm{d}P_{g1}}, \frac{\mathrm{d}F}{\mathrm{dV_1}}, \frac{\mathrm{d}F}{\mathrm{dI_{d1}}}, \frac{\mathrm{d}F}{\mathrm{dI_{q1}}}, \frac{\mathrm{d}F}{\mathrm{d}\theta_{q1}}, \frac{\mathrm{d}F}{\mathrm{d}\delta_1}\right\} \\ &= \{1, -I_{d1}\sin(t_1) - I_{q1}\cos(t_1), -V_1\sin(t_1)_1, -V_1\cos(t_1), \\ &\quad V_1 I_{d1}\cos(t_1) - V_1 I_{q1}\sin(t_1), -V_1 I_{d1}\cos(t_1) + V_1 I_{q1}\sin(t_1)\}\end{aligned} \tag{5-8}$$

5.3 改进的交直流潮流算法

交直流系统潮流求解算法中，与交替迭代法相比，统一迭代法有效计及了交流和直流系统相互关联的影响，在不同的系统规模、控制方式等运行工况下，收敛性能较好，但由于 MMC-HVDC 系统的馈入，交直流系统方程维数增大，若采用手动编写，则代码难度较大，且易出错，主要由于以下几个方面原因。

（1）如图 4-1 所示，交直流系统变量在原交流节点的交流状态量U_{si}、θ_{si}基础上，增加了P_{ci}、Q_{ci}、U_{di}、I_{di}、δ_i、M_i等直流变量，交直流系统雅可比矩阵维数比纯交流系统要大得多。

（2）由于 HVDC 模型复杂，其公式推导和计算繁杂、非线性较强，并且对新的

HVDC 设备（如 MMC 换流器模型等）进行修改时，其对应导数计算公式也需要同步手动修改，改动工作量大，手动编程实现效率低下[3]。

为此，本章采用 AD 技术来求解复杂的雅可比矩阵，基于 AD 技术的算法流程为以下几个步骤。

（1）读取电力系统的网络参数，包括：母线编号/名称、负荷有功功率/无功功率、补偿电容，输电线路的支路号、首末端节点编号、串联电阻和电抗、并联电导和电纳、变压器变比和阻抗等。

（2）初始化，包括对状态量设置初值、节点次序优化、形成节点导纳矩阵、为 AD 分配内存、声明活跃变量等。

（3）恢复迭代计数器：k=1。

（4）用已声明的活跃变量写出不平衡量表达式 $\boldsymbol{f}(\boldsymbol{x}+\Delta\boldsymbol{x}^{(k)})<\varepsilon$，并判断不平衡量数组的最大值是否满足误差精度要求，若是，退出循环，输出结果；否则继续。

（5）由现有的状态量 $\boldsymbol{x}^{(k)}$，应用 AD 技术计算雅可比矩阵。

（6）解下述方程组，求得状态修正量$\Delta\boldsymbol{x}^{(k)}$。

$$\begin{cases}-\boldsymbol{J}(x^{(k)})\Delta\boldsymbol{x}^{(k)}=\boldsymbol{f}(\boldsymbol{x}^{(k)})\\ \boldsymbol{x}^{(k+1)}=\boldsymbol{x}^{(k)}-\Delta\boldsymbol{x}^{(k)}\end{cases} \tag{5-9}$$

然后返回第（4）步，进行下一次迭代。

由上可知，基于 AD 技术的交直流潮流算法流程如图 5-1 所示[13-16]。

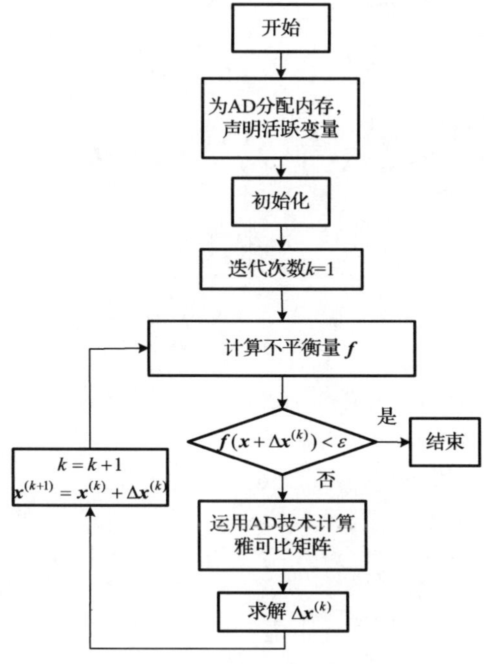

图 5-1　基于 AD 的交直流潮流计算流程图

5.4　基于保留非线性的交直流潮流算法

由于统一迭代法在每次的迭代循环中，需要根据迭代得到的系统变量值更新雅可比矩阵，因而每次循环都需调用 AD 以生成新的雅可比矩阵，这在一定程度上增加了计算时间，影响了 AD 技术在交直流系统潮流计算中的使用效率。为此，本章提出了一种基于 AD 的保留非线性方法，用以降低调用 AD 所产生的时间损耗。保留非线性法[17]保留了泰勒展开式的高阶项，其雅可比矩阵恒定，故只需在迭代之前，根据初值计算出雅可比矩阵即可，整个计算过程中只需调用一次 AD。

将潮流计算中参与迭代的各变量设为 $\boldsymbol{x}=[P_s, Q_s, U, \theta, U_d, I_d, \delta, M]$，而各潮流方程的功率不平衡量设为 $\boldsymbol{f}=[\Delta P, \Delta Q, \Delta d_1, \Delta d_2, \Delta d_3, \Delta d_4]$。对 $\boldsymbol{f}(\boldsymbol{x})=0$ 进行泰勒展开。

$$\boldsymbol{f}(\boldsymbol{x}^{(0)})+\boldsymbol{f}'(\boldsymbol{x}^{(0)})\Delta\boldsymbol{x}+\boldsymbol{H}(\Delta\boldsymbol{x})=0 \tag{5-10}$$

式中，$\boldsymbol{H}(\Delta\boldsymbol{x})$为 $\boldsymbol{f}(\boldsymbol{x})$的泰勒展开式非线性高阶项之和，是关于$\Delta\boldsymbol{x}$ 的函数，写成迭代形式为

$$-\boldsymbol{f}'(\boldsymbol{x}^{(0)})\Delta\boldsymbol{x}^{(k+1)}=\boldsymbol{f}(\boldsymbol{x}^{(0)})+\boldsymbol{H}(\Delta\boldsymbol{x}^{(k)}) \tag{5-11}$$

保留非线性算法即不断更新求解 $\boldsymbol{H}(\Delta\boldsymbol{x})$。

（1）首次迭代。

设 k=1，$\Delta\boldsymbol{x}^{(0)}=0$，式（5-11)变为

$$-\boldsymbol{f}'(\boldsymbol{x}^{(0)})\Delta\boldsymbol{x}^{(1)}=\boldsymbol{f}(\boldsymbol{x}^{(0)}) \tag{5-12}$$

式（5-12）即为传统的牛顿-拉夫逊法计算公式。

（2）第二次迭代。

$$-\boldsymbol{f}'(\boldsymbol{x}^{(0)})\Delta\boldsymbol{x}^{(2)}=\boldsymbol{f}(\boldsymbol{x}^{(0)})+\boldsymbol{H}(\Delta\boldsymbol{x}^{(1)}) \tag{5-13}$$

对 $\boldsymbol{f}(\boldsymbol{x})$在 $\boldsymbol{x}^{(0)}+\Delta\boldsymbol{x}^{(1)}$处进行泰勒展开，可得

$$\boldsymbol{f}(\boldsymbol{x}+\Delta\boldsymbol{x}^{(1)})=\boldsymbol{f}(\boldsymbol{x}^{(0)})+\boldsymbol{f}'(\boldsymbol{x}^{(0)})\Delta\boldsymbol{x}^{(1)}+\boldsymbol{H}(\Delta\boldsymbol{x}^{(1)}) \tag{5-14}$$

从而可推出

$$\boldsymbol{H}(\Delta\boldsymbol{x}^{(1)})=\boldsymbol{f}(\boldsymbol{x}^{(0)}+\Delta\boldsymbol{x}^{(1)}) \tag{5-15}$$

（3）第三次迭代。

$$-\boldsymbol{f}'(\boldsymbol{x}^{(0)})\Delta\boldsymbol{x}^{(3)}=\boldsymbol{f}(\boldsymbol{x}^{(0)})+\boldsymbol{H}(\Delta\boldsymbol{x}^{(2)}) \tag{5-16}$$

对 $\boldsymbol{f}(\boldsymbol{x})$在 $\boldsymbol{x}^{(0)}+\Delta\boldsymbol{x}^{(2)}$处进行泰勒展开，可得

$$\boldsymbol{f}(\boldsymbol{x}+\Delta\boldsymbol{x}^{(2)})=\boldsymbol{f}(\boldsymbol{x}^{(0)})+\boldsymbol{f}'(\boldsymbol{x}^{(0)})\Delta\boldsymbol{x}^{(2)}+\boldsymbol{H}(\Delta\boldsymbol{x}^{(2)}) \tag{5-17}$$

根据以上推导可得

$$\boldsymbol{H}(\Delta\boldsymbol{x}^{(2)})=\boldsymbol{f}(\boldsymbol{x}^{(0)}+\Delta\boldsymbol{x}^{(1)})+\boldsymbol{f}(\boldsymbol{x}^{(0)}+\Delta\boldsymbol{x}^{(2)}) \tag{5-18}$$

（4）第 k 次迭代。

$$\boldsymbol{f}'(\boldsymbol{x}^{(0)})\Delta\boldsymbol{x}^{(k)}=\boldsymbol{f}(\boldsymbol{x}^{(0)})+\boldsymbol{H}(\Delta\boldsymbol{x}^{(k-1)}) \tag{5-19}$$

$$\boldsymbol{H}(\Delta\boldsymbol{x}^{(k-1)})=\sum_{j=1}^{k-1}\boldsymbol{f}(\boldsymbol{x}+\Delta\boldsymbol{x}^{(j)}) \tag{5-20}$$

即

$$-\boldsymbol{f}'(\boldsymbol{x}^{(0)})\Delta\boldsymbol{x}^{(k)}=\boldsymbol{f}(\boldsymbol{x}^{(0)})+\sum_{j=1}^{k-1}\boldsymbol{f}(\boldsymbol{x}+\Delta\boldsymbol{x}^{(j)}) \tag{5-21}$$

式（5-21）为保留非线性法迭代公式，收敛条件为 $\boldsymbol{f}(\boldsymbol{x}+\Delta\boldsymbol{x}^{(k-1)})<\varepsilon$（$\varepsilon$ 为程序设定的误差精度）。

基于 AD 和保留非线性的交直流潮流计算流程为以下几个步骤。

（1）设定初值 $\boldsymbol{x}=[P_s, Q_s, U, \theta, U_d, I_d, \delta, M]$。

（2）声明活跃变量数组 X，将 $\boldsymbol{x}$ 的值赋给 X。

（3）初始化，迭代次数 k 置 1。

（4）声明活跃变量 F，用活跃变量 X 写出潮流方程 $\boldsymbol{f}$ 的表达式，将 F 的数值传递给 $\boldsymbol{f}$。

（5）调用 AD 函数计算雅可比矩阵。

（6）计算不平衡量 $\boldsymbol{f}$ 判断 $\boldsymbol{f}(\boldsymbol{x}+\Delta\boldsymbol{x}^{(k)})<\varepsilon$ 是否成立，若成立，则循环结束，输出计算结果；若不成立，则继续。

（7）求 $\sum_{j=1}^{k-1}f(x+\Delta x^{(j)})$，并根据式（5-21）迭代形式计算 $\Delta\boldsymbol{x}^{(k)}$。

（8）置 $k=k+1$，$\boldsymbol{x}^{(k+1)}=\boldsymbol{x}^{(k)}+\Delta\boldsymbol{x}^{(k)}$，转步骤（6）。

综上所述，基于 AD 和保留非线性方法的潮流计算流程如图 5-2 所示。

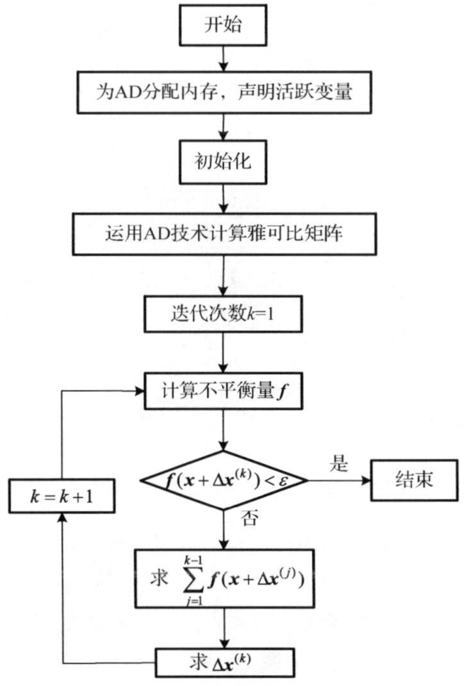

图 5-2　基于 AD 和保留非线性的交直流潮流计算流程图

5.5 算 例 分 析

为验证本章算法的正确性和适用性，分别对修改后的 IEEE-5、IEEE-14、IEEE-30、IEEE-57 和 IEEE-118 节点的标准算例（详见第 8 章）进行了仿真分析。不失一般性，本章在此主要对修改后的 IEEE-14 节点系统的仿真结果进行分析。采用 C++语言编写了相关算法，初始值取容许误差$\varepsilon=10^{-6}$，最大迭代次数 $k_{\max}=50$，计算环境为：Pentium（R）Dual-Core CPU E5300 @2.60GHz 处理器，2GB 内存，操作系统为 Windows XP，开发工具采用 Visual C++ 7.0[13，14]。

测试系统中 MMC 换流站的基本参数如表 5-3 所示，所有的量均为标幺值。

表 5-3　直流系统参数

变量	R	X	R_d	U	θ	U_d
参数值	0.006	0.150	0.03	1.000	0.000	2.000

表 5-3 中 R_d 为直流电阻，$X=X_T+X_L$。此外，MMC 所在母线连接的负荷有功功率 P_l 和无功功率 Q_l 的参数与修改前纯交流的 IEEE 系统参数一样；直流系统注入的有功功率 P_s 和无功功率 Q_s 与修改前纯交流的系统支路功率相等，由纯交流系统的潮流计算方程得到。I_d、δ、M 计算公式为

$$I_{di}=\frac{P_{gi}-P_{li}}{U_{di}} \tag{5-22}$$

$$\delta_i=\arctan\frac{P_{ti}}{\dfrac{U_{ti}^2}{X_{Li}+X_{fi}}-Q_{ti}} \tag{5-23}$$

$$M_i=\frac{2\sqrt{6}P_{ti}X_{Li}}{3U_{ti}U_{di}\sin\delta_i} \tag{5-24}$$

式中，P_{gi} 为节点发电有功功率，若此节点不是发电机节点，则为 0；P_{li} 为节点负荷有功功率。

为便于比较本章算法用于 MMC-HVDC 系统的计算性能，分以下 3 类情况进行对比讨论：

（1）基于手动编写代码的潮流算法（用算法①表示）；

（2）基于 AD 技术的潮流算法（用算法②表示）；

（3）基于 AD 和保留非线性的潮流算法，即本章算法（用算法③表示）。

图 5-3 为修改后的 IEEE-14 节点交直流系统。为验证本章算法在处理不同结构上的有效性，本章分 3 种拓扑情况对该系统进行分析，图 5-3 中 MMC 换流器所在支路的虚线表示可能的连接方式，其具体连接由下述描述确定。

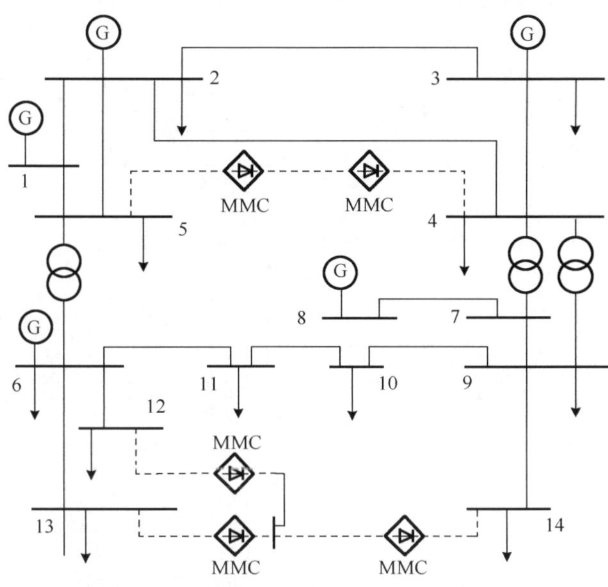

图 5-3　修改后的 IEEE-14 节点交直流系统

（1）两端系统：MMC1、MMC_2 分别连接于节点 13 和 14。

（2）三端系统：MMC_1、MMC_2、MMC_3 分别连接于节点 12、13 和 14。

（3）两馈入系统：MMC_1、MMC_2、MMC_3、MMC_4 分别连接于节点 4、5、13 和 14。

以上各工况中的 MMC 参数设置参考表 5-3。

5.5.1　含两端 MMC-HVDC 的交直流系统

对图 5-3 所示修后的 IEEE-14 系统，以两端拓扑为研究对象，表 5-4、表 5-5、表 5-6 分别列出了算法①和③在不同控制方式下的交流、直流潮流结果。表 5-7 为 3 种算法之间的性能比较，表中的运行方案 1、2、3 和 4 参见 4.4.1 节所述。

表 5-4　潮流计算的交流系统结果（方案 1+3 和 1+4）

节点号	方案 1+3				方案 1+4			
	①		③		①		③	
	V	$\theta/°$	V	$\theta/°$	V	$\theta/°$	V	$\theta/°$
1	1.060	0.000	1.060	0.000	1.060	0.000	1.060	0.000
2	1.045	−4.980	1.045	−4.978	1.045	−4.978	1.045	−4.977
3	1.010	−12.718	1.010	−12.710	1.010	−12.713	1.010	−12.706
4	1.018	−10.316	1.019	−10.323	1.019	−10.328	1.020	−10.335
5	1.020	−8.779	1.021	−8.791	1.021	−8.782	1.022	−8.794
6	1.070	−14.235	1.070	−14.235	1.070	−14.204	1.070	−14.206
7	1.061	−13.353	1.062	−13.359	1.063	−13.371	1.064	−13.376
8	1.090	−13.353	1.090	−13.359	1.090	−13.371	1.090	−13.376
9	1.054	−14.931	1.055	−14.937	1.059	−14.945	1.060	−14.950

续表

节点号	方案 1+3				方案 1+4			
	①		③		①		③	
	V	θ/°	V	θ/°	V	θ/°	V	θ/°
10	1.049	−16.093	1.050	−16.098	1.054	−16.100	1.054	−16.105
11	1.056	−14.794	1.056	−14.797	1.058	−14.786	1.059	−14.789
12	1.055	−16.087	1.055	−16.088	1.055	−16.057	1.055	−16.059
13	1.050	−16.164	1.050	−16.164	1.050	−16.133	1.050	−16.136
14	1.034	−17.037	1.035	−17.041	1.050	−17.297	1.050	−17.287

表 5-5　潮流计算的交流系统结果（方案 2+3 和 2+4）

节点号	方案 2+3				方案 2+4			
	①		③		①		③	
	V	θ/°	V	θ/°	V	θ/°	V	θ/°
1	1.060	0.000	1.060	0.000	1.060	0.000	1.060	0.000
2	1.045	−4.980	1.045	−4.978	1.045	−4.979	1.045	−4.977
3	1.010	−12.718	1.010	−12.710	1.010	−12.714	1.010	−12.706
4	1.018	−10.316	1.019	−10.323	1.019	−10.328	1.020	−10.335
5	1.020	−8.779	1.021	−8.791	1.021	−8.782	1.022	−8.794
6	1.070	−14.235	1.070	−14.236	1.070	−14.204	1.070	−14.207
7	1.061	−13.353	1.062	−13.359	1.063	−13.371	1.064	−13.376
8	1.090	−13.353	1.090	−13.359	1.090	−13.371	1.090	−13.376
9	1.054	−14.931	1.055	−14.937	1.059	−14.945	1.060	−14.950
10	1.049	−16.094	1.050	−16.098	1.054	−16.101	1.054	−16.104
11	1.056	−14.795	1.056	−14.798	1.058	−14.786	1.058	−14.789
12	1.055	−16.087	1.055	−16.087	1.055	−16.056	1.055	−16.058
13	1.050	−16.160	1.050	−16.161	1.050	−16.130	1.050	−16.132
14	1.034	−17.037	1.035	−17.041	1.050	−17.297	1.050	−17.287

表 5-6　潮流计算的直流系统结果

直流变量	算法	换流器类型	控制方式			
			1+3	1+4	2+3	2+4
U_d	①	MMC1	2.000	2.000	2.000	2.000
		MMC2	1.999	1.999	1.999	1.999
	③	MMC1	2.000	2.000	2.000	2.000
		MMC2	1.999	1.999	1.999	1.999
δ	①	MMC1	0.436	0.436	0.436	0.436
		MMC2	−0.446	−0.418	−0.446	−0.418
	③	MMC1	0.428	0.436	0.436	0.436
		MMC2	−0.425	−0.419	−0.446	−0.419
M	①	MMC1	0.855	0.855	0.855	0.855
		MMC2	0.847	0.865	0.847	0.865
	③	MMC1	0.863	0.855	0.855	0.855
		MMC2	0.868	0.865	0.848	0.865
P_s	①	MMC1	0.057	0.057	0.057	0.057
		MMC2	−0.057	−0.057	−0.057	−0.057
	③	MMC1	0.057	0.057	0.057	0.057
		MMC2	−0.057	−0.057	−0.057	−0.057

由表 5-4～表 5-6 可见，本章所提出的基于 AD 和保留非线性的潮流算法，在四种不同控制方式下的计算结果基本保持一致，保证了各直流参数运行在正常范围之内，说明该算法可以正确处理 MMC-HVDC 设备，并验证了其对 MMC 不同控制方式的适用性。

由表 5-7 可知，对于修后的含两端 MMC-HVDC 的 IEEE-14 节点系统，本章算法与手动编程、基于 AD 的编程算法相比，虽然迭代次数有所增加，但是计算时间基本一样，保证了算法的计算效率。

表 5-7　迭代次数和计算时间比较

控制方式	迭代次数			计算时间/s		
	①	②	③	①	②	③
1+3	3	3	8	0.032	0.032	0.046
1+4	3	3	7	0.031	0.031	0.031
2+3	3	3	7	0.031	0.032	0.032
2+4	3	3	7	0.031	0.031	0.031

5.5.2　含三端 MMC-HVDC 的交直流系统

本章还对含三端 MMC-HVDC 的 IEEE-14 节点交直流系统进行了仿真，MMC 的拓扑位置、参数设定如前面所述。

为验证 MTDC 系统中本章算法在不同控制模式下的适用性，在此设定 3 个 MMC 以 10 种控制方式进行组合（顺序依次为 MMC_1、MMC_2、MMC_3）（由于 16 种控制方式的结果基本保持一致，本章在此仅列出其中的 10 种为例进行说明）：

（1）1+3+1；

（2）1+3+2；

（3）1+4+1；

（4）1+4+2；

（5）2+3+1；

（6）2+3+2；

（7）2+4+1；

（8）2+4+2；

（9）3+1+3；

（10）3+1+4。

表 5-8 为三种算法在以上 10 种控制组合方式下的计算结果。表 5-8 表明，本章算法对 MMC-HVDC 的不同控制方式组合均能较好地处理，系统运行稳定，有较强的适应性，并且计算迅速，结果准确。

表 5-8　不同控制组合方式下迭代次数和计算时间比较

控制方式	迭代次数			计算时间/s		
	①	②	③	①	②	③
1+3+1	4	3	8	0.047	0.031	0.031
1+3+2	3	3	7	0.031	0.032	0.029
1+4+1	3	3	8	0.031	0.031	0.030
1+ 4+2	3	3	7	0.031	0.031	0.028
2+3+1	4	3	8	0.047	0.031	0.031
2+3+2	3	3	7	0.031	0.032	0.028
2+4+1	3	3	8	0.032	0.031	0.031
2+4+2	3	3	7	0.031	0.031	0.027
3+1+3	4	3	8	0.047	0.032	0.031
3+1+4	3	3	7	0.032	0.031	0.030

5.5.3　含两馈入 MMC-HVDC 的交直流系统

本章对修后的含两馈入 MMC-HVDC 的 IEEE-14 节点系统进行了仿真，MMC 的控制方式和参数设置如前面所述，此种情况下的计算结果如表 5-9 所示。

表 5-9　迭代次数和计算时间比较

控制方式组合		迭代次数			计算时间/s		
MMC_1+MMC_2	MMC_3+MMC_4	①	②	③	①	②	③
1+3	1+3	4	4	7	0.047	0.063	0.015
1+3	1+4	4	4	7	0.047	0.063	0.015
1+3	2+3	4	4	7	0.047	0.063	0.015
1+3	2+4	4	4	7	0.047	0.063	0.016
1+4	1+4	4	4	7	0.046	0.062	0.015
1+4	2+3	4	4	7	0.048	0.063	0.015
1+4	2+4	4	4	7	0.047	0.063	0.015
2+3	2+3	4	4	7	0.048	0.063	0.016
2+3	2+4	4	4	7	0.048	0.062	0.016
2+4	2+4	3	3	7	0.031	0.047	0.015

表 5-9 表明，传统的基于 AD 的算法虽然迭代次数和手工编程一致，但是在多馈入情况下，即直流系统参数和变量增多时，其整体计算时间变慢；而采用本章方法，虽然迭代收敛次数较多，但是由于在整个迭代过程中只需调用一次 AD，使得计算时间大为减少，计算结果令人满意。

5.5.4　不同算例和不同控制方式之间的性能比较

进一步，为测试本章算法在较大规模系统中的收敛性能，采用修后的 IEEE-5、IEEE-30、IEEE-57 和 IEEE-118 节点系统对本章算法进行测试，各个算例中 MMC 换流器的拓扑位置由表 5-10 设定，MMC 参数设定参考表 5-3，迭代次数和计算时间的测试结果如表 5-11 所示。

表 5-10　不同算例的拓扑及参数设置

拓扑		两端			
系统		IEEE-5	IEEE-30	IEEE-57	IEEE-118
所连节点号	MMC_1	4	29	56	75
	MMC_2	5	30	57	118

拓扑	两馈入				三端		
系统	IEEE-30				IEEE-57		
所连节点号	MMC_1	MMC_2	MMC_3	MMC_4	MMC_1	MMC_2	MMC_3
	12	14	29	30	55	56	41

表 5-11　不同算例的性能比较

拓扑	算例系统	迭代次数			计算时间/s		
		①	②	③	①	②	③
两端	IEEE-5	4	4	15	0.015	0.016	0.047
两端	IEEE-30	3	3	8	0.070	0.078	0.031
两馈入	IEEE-30	3	3	8	0.075	0.109	0.032
两端	IEEE-57	4	4	13	0.500	0.531	0.263
三端	IEEE-57	4	4	11	0.461	0.503	0.247
两端	IEEE-118	4	4	10	3.547	3.937	0.782

由表 5-11 比较可知，随着系统节点数的增加：

（1）本章算法的迭代次数并没有明显增加，证明了该算法具有较强的收敛性，表明了其在大规模系统计算中的有效性；

（2）从计算时间上来看，本章算法随着系统规模的增大，无论是多端或多馈入系统，其计算时间均明显低于方法①和方法②，可以预见，随着计算系统规模的不断增大，本章算法的性能优势也越大。

5.6　本 章 小 结

由于 MMC-HVDC 模型的加入，交直流系统变量种类和数量急剧增加，手工推导微分表达式、编写微分代码的工作显得异常烦琐，工作量巨大且容易出错。随着多端直流系统和多馈入系统的应用，多条直流线路的引入对交直流系统潮流计算的效率和实用性提出了新的挑战。

针对上述传统交直流系统潮流计算中雅可比矩阵的形成和计算繁杂的问题，本章在含 MMC-HVDC 的交直流系统潮流计算中引入了 AD 技术和保留非线性方法。

本章首先介绍了 AD 技术的概况、基本原理，并以支路上始端有功功率和发电机有功功率方程为具体实例详细说明了 AD 的实现方法。在此基础上，实现了 AD 技术在含 MMC-HVDC 的交直流系统潮流计算中的应用，有效解决了雅可比矩阵的维数较大带来的程序编写困难，从而提高了整个交直流系统的潮流求解效率。

其次，针对 AD 技术自身调用函数所增加的程序运行时间问题，通过引入保留泰勒展开式高阶项的保留非线性方法，在 AD 技术的基础上，提出了一种利用 AD 技术和保留非线性的交直流潮流计算方法，以进一步提高计算效率。

最后，针对含 MMC-HVDC 的两端、多端、多馈入交直流系统的算例系统，对上述的算法进行了验证，仿真结果表明了本章算法的有效性。

算例结果表明：本章方法有效处理了 MMC-HVDC 设备，正常运行时可使 MMC 各个直流参数保持在正常范围内。从计算时间上讲，本章方法与手动编程、单纯的基于 AD 的编程算法相比，计算时间基本为同一个数量级，算法的计算效率得到了保证。当算例系统规模变大时，本章方法计算时间的优势更加明显。从迭代次数上讲，本章方法与手动编程、基于 AD 的编程算法相比，虽然迭代次数有所增加，但是随着系统节点数的持续增大，本章算法的迭代次数并未明显改变。

本章算法保持了程序代码编写的可维护性，避免了繁杂的手工代码编写过程，大大降低了 AD 对计算时间的影响，保证了交直流潮流程序的高效性和灵活性，适应性较强，适合推广到多端、多馈入系统，具有较强的实际应用价值。

参 考 文 献

[1] Jiang Q, Geng G, Guo C, et al. An efficient implementation of automatic differentiation in interior point optimal power flow. IEEE Transactions on Power Systems, 2010, 25(1): 147-155.

[2] Orfanogianni T, Bacher R. Increased OPF code development efficiency by integration of general purpose optimization and derivative computation tools. IEEE Transactions on Power Systems, 2000, 15(3): 987-993.

[3] 江全元, 耿光超. 含高压直流输电系统的内点最优潮流算法. 中国电机工程学报, 2009, 29(35): 43-49.

[4] Beda L M, Korolev L N, Sukkikh N V, et al. Programs for automatic differentiation for the machine BESM. Moscow: Institute for Precise Mechanics and Computation Techniques, Academy of Science, 1959.

[5] GriewanK A. Evaluating Derivatives-principles and Techniques of Algorithmic Differentiation. Philadelphia: SIAM, 2000.

[6] Biggs M B, Brown S, Christianson B, et al. Automatic differentiation of algorithms. Journal of Computational and Applied Mathematics, 2000, 124(1): 171- 190.

[7] 蒋占四, 吴义忠, 蒋慧. 敏度分析的数值方法比较研究. 计算机与数学工程, 2009, 37(5): 1-5.

[8] Walther A, Griewank A. A package for the automatic differentiation of algorithms written in C/

C++[2009-4-28]. http://www. coin-or. org/projects/ADOL-C. xml.

[9] 颜力, 陈小前, 王振国. 飞行器 MDO 中灵敏度计算的自动微分方法. 国防科技大学学报, 2006, 28(2): 13-16.

[10] 邵之江, 郑小青. 基于自动微分的精馏塔优化计算灵敏度分析. 化工学报, 2004, 55(8): 1296-1300.

[11] 李翔, 邵之江, 仲卫涛, 等. 基于混合自动微分算法的缩聚反应过程优化. 化工学报, 2002, 53(11): 1111-1116.

[12] 叶芳, 卫志农, 孙国强, 等. 基于自动微分技术的电力系统状态估计算法. 电力系统保护与控制, 2010, 38(17): 91-95, 100.

[13] Wei Y F, He Q, Sun Y H, et al. Improved power flow algorithm for VSC-HVDC system based on high-order Newton-type method. Mathematical Problems in Engineering, 2013. doi:10. 1155/2013/235316.

[14] 季聪, 卫志农, 汤涌, 等. 基于自动微分技术的 VSC-HVDC 内点法最优潮流. 电网技术, 2012, 36(10): 184-189.

[15] 季聪, 卫志农, 孙国强, 等. 基于自动微分技术的 VSC-HVDC 潮流计算. 电力系统及其自动化学报, 2013, 25(2): 1-6.

[16] 韦延方, 卫志农, 孙国强, 等. 一种新型的高压直流输电技术——MMC-HVDC. 电力自动化设备, 2012, 32(7): 1-9.

[17] 诸骏伟. 电力系统分析(上册). 北京: 中国电力出版社, 1998: 18-27.

第 6 章　含 MMC-HVDC 的交直流系统静态电压稳定

6.1 引　　言

HVDC 的典型应用场合主要为远距离电能传输，并且常常同交流系统交互相连，这就要求与交流系统相连的 HVDC 系统的直流端具有较强的电气特性，这是保证直流系统正常电能传输的前提。自 20 世纪 90 年代起，弱交直流混合系统对电能传输的限制影响引起了国内外广泛的关注，尤其是弱交直流系统的电压稳定性问题。虽然 HVDC 的技术已趋成熟，但是，传统的基于晶闸管换流器的 HVDC 仍然不可避免地面临电压稳定问题，这主要是因为 HVDC 系统的换流设备在换流过程中需要消耗大量的无功功率。通常情况下，换流站所需无功功率大约为所传输有功功率的一半左右，而电压失稳的发生常常是由系统无功功率的缺乏导致的。

目前基于传统 HVDC 的交直流系统的电压稳定分析已经取得了一系列的研究成果[1-30]，但是这些成果中的交直流混合系统电压稳定模型都是建立在传统 HVDC 的基础上进行的，即基于晶闸管换流器技术。随着 MMC-HVDC 系统的逐步应用，开展关于含 MMC-HVDC 的交直流系统电压稳定研究具有重要的理论和实际意义。

同 VSC-HVDC 系统一样，MMC-HVDC 系统可对交直流系统的交流母线提供动态的无功功率补偿，这一特性不但有助于避免直流系统中晶闸管换流设备换相失败的发生，并有助于改善系统的稳定性（功角和电压稳定性）和电能质量，进一步提升交直流混合系统的快速功率控制。目前，虽然已有部分文献对含 MMC-HVDC 的交直流系统的稳定性开展研究[31-38]，但是这些文献大都是基于软件进行仿真分析，对基于 MMC-HVDC 稳态潮流方程的电压稳定性研究尚显不足。为此，本章基于 MMC-HVDC 的稳态潮流方程和电压稳定分析的静态连续潮流法，建立含 MMC-HVDC 的交直流混合系统的电压稳定模型，确定含参数的潮流方程和雅可比矩阵，提出统一迭代求解算法，最后通过算例仿真验证算法的有效性。

6.2 连续潮流算法

潮流方程的元素可以分为待求量和给定量两类。若给定量（系统设定的参数）发生变化，则潮流结果随之发生改变。电力部门调度人员往往对其中一些特殊量的变化感兴趣，希望了解这些物理量对于系统运行工况的影响。这类问题在数学上便构成了含有参变量的潮流方程，即

$$f(x,\lambda)=0 \tag{6-1}$$

式中，f为潮流方程的一般形式，x为由节点电压和相角组成的待求变量，λ为系统可变参数。

连续潮流算法假设系统处于准静态的状态下，从初始稳定工作点开始，随着负荷的缓慢增加，不断求解潮流方程，从而描绘出系统的λ-U曲线。以图 6-1 为例，由初始点 A 出发，沿着λ的增长方向采用预测环节预测下一个解，记为 B$(\tilde{x}_1,\lambda_1)$。然后进入校正环节，以 B$(\tilde{x}_1,\lambda_1)$为初始点用牛顿迭代方法校正。若收敛，则得到新的解 C(x_1,λ_1)，这个过程为垂直校正，接着继续以该点为起点进行预测计算；若潮流不收敛，则说明前面预测得到的点已经接近或者超过极限点，如图 6-1 中 D 点，此时，可以减小预测步的步长，重新回到上一点，以求取预测点。最后，在靠近临界点的地方（图 6-1 中 D 点），潮流方程的雅可比矩阵奇异，或者校正步发散，或者步长极小，此时应该选择加入一个延拓方程，而将λ作为变量，求解扩展的潮流方程，这个步骤为水平校正。如此往复上述过程，即能完整地画出λ-U曲线，从而计算得出负荷极限λ_{max}[14, 15, 26, 39]。

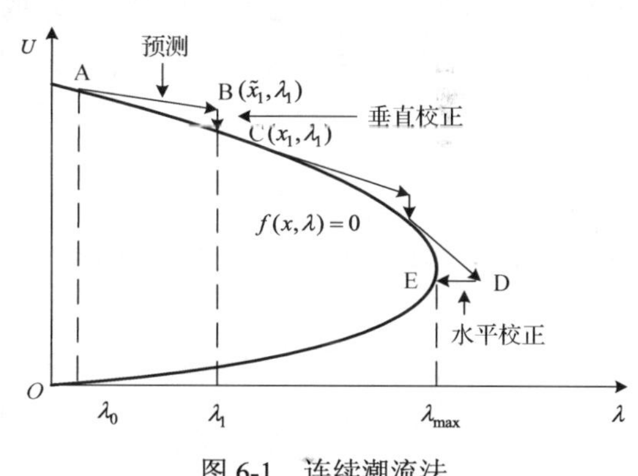

图 6-1　连续潮流法

连续潮流法是求取λ-U曲线的有效方法，下面详细介绍算法的具体过程。

为了便于描述，令$\boldsymbol{z}=(\boldsymbol{x},\mu)$，则式（6-1）变为

$$f(\boldsymbol{z})=0 \tag{6-2}$$

那么，式（6-2）的延拓数值解意味着计算一系列的点（$\boldsymbol{z}_1,\boldsymbol{z}_2,\boldsymbol{z}_3,\cdots$），假设已知初始点$\boldsymbol{z}_0=(\boldsymbol{x}_0,\mu_0)$，则按照预测环节、校正环节、步长控制 3 个步骤来求取λ-U曲线。

1）预测环节

假设向量中的点$\boldsymbol{z}_i$已经被找到，下一点用切线预测为

$$\tilde{\boldsymbol{z}}_{i+1}=\boldsymbol{z}_i+h_j\boldsymbol{v}_j \tag{6-3}$$

式中，h_j是预测步长，$\boldsymbol{v}_j\in\mathbf{R}^{n+1}$是曲线在点$x_i$的标准切向量，$\|\boldsymbol{v}_j\|=1$。

如果$\boldsymbol{z}(s)$是曲线在$\boldsymbol{z}_i$附近的参数化，采用满足条件$\boldsymbol{z}(0)=\boldsymbol{z}_i$的弧长，将$\boldsymbol{z}=\boldsymbol{z}(s)$代入式（6-3）并计算关于$s$的导数，由于$v_j=\dot{\boldsymbol{z}}(0)$，可得

$$\boldsymbol{J}(\boldsymbol{z}_i)\boldsymbol{v}_i=0 \tag{6-4}$$

式中，$\boldsymbol{J}(\boldsymbol{z}_i)$是$\boldsymbol{z}_i$的雅可比矩阵，其具体形式为

$$\boldsymbol{J}(\boldsymbol{z}_i)=\delta f/\delta \boldsymbol{z}\big|_{z=z_i} \tag{6-5}$$

由正则性假设，$\text{rank}(\boldsymbol{J}(\boldsymbol{z}_i))=\boldsymbol{n}$，则系统（式（6-2））有唯一解。为求取式（6-2）的切向量，须先选定它的范数。较简单的办法是先设置某个 $v_{i_0}=1$，对其他分量求解，然后将所得向量标准化，并沿着曲线保持适当的方向。指标 i_0 保证对其他分量线性系统的可解性允许存在。等价地，可以求解 $n+1$ 维系统：

$$\begin{bmatrix} \boldsymbol{J} \\ (\boldsymbol{v}_{j-1})^{\mathrm{T}} \end{bmatrix}\cdot \boldsymbol{v}_j=\begin{bmatrix} 0 \\ 1 \end{bmatrix} \tag{6-6}$$

式中，$\boldsymbol{v}_{j-1}\in \mathbf{R}^{n+1}$ 是曲线上前面一个点 $\boldsymbol{z}_{i-1}$ 的切向量，$\boldsymbol{J}$ 为雅可比矩阵，T 表示转置。

如果点 $\boldsymbol{z}_i$ 和 $\boldsymbol{z}_{i-1}$ 充分接近，这个系统对正则曲线 M 是非奇异的。解向量 $\boldsymbol{v}_j$ 在点 $\boldsymbol{z}_i$ 切于这曲线并满足标准化条件：

$$\left\langle \boldsymbol{v}_{j-1},\boldsymbol{v}_j \right\rangle=1 \tag{6-7}$$

图 6-2　两种预测方法

由此沿着这条曲线保持原有切线方向，如图 6-2(a)。另一常用的预测方法是割线预测，如图 6-2(b)，它利用曲线上前面的点 $\boldsymbol{z}_{i-1}$ 和 $\boldsymbol{z}_i$ 实现预测。由此，由式（6-7）给出预测公式：

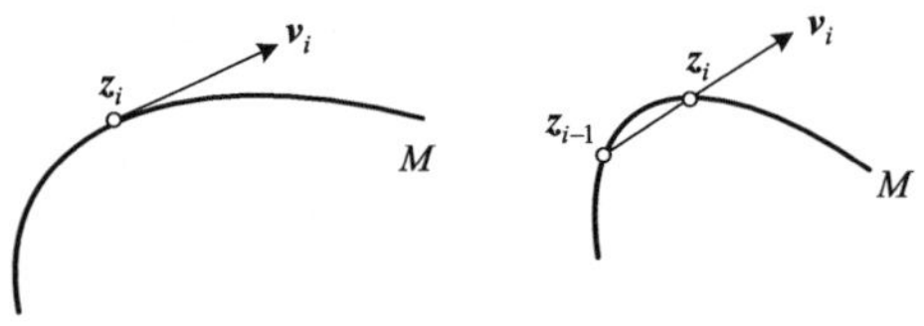

$$\boldsymbol{v}_i=\frac{\boldsymbol{z}_i-\boldsymbol{z}_{i-1}}{\left\|\boldsymbol{z}_i-\boldsymbol{z}_{i-1}\right\|} \tag{6-8}$$

需要注意的是，这个公式不能用在曲线上的第一点。

2）校正环节

假定已经计算得到接近于这条曲线的预测点 $\tilde{\boldsymbol{z}}_{i+1}$，则需要在一定的精度内定位这条曲线上的下一点 $\boldsymbol{z}_{i+1}$。这个校正过程通常是由牛顿法迭代完成，而标准的牛顿法迭代只能用于方程的个数等于未知数个数的系统。因此，需要一个额外的约束条件：

$$g_i(\boldsymbol{z})=0 \tag{6-9}$$

将式（6-9）代入式（6-2）中，即可应用牛顿法求解以下系统：

$$\begin{cases} f(\boldsymbol{z})=0 \\ g_i(\boldsymbol{z})=0 \end{cases} \tag{6-10}$$

从几何意义而言，这意味着要找曲线 M 与 $\tilde{\boldsymbol{z}}_{i+1}$ 附近的某个曲面的交点。

3）步长选取

如果在规定次数的迭代后仍未出现收敛，需要减小步长并重复校正加以处理；如果仅在数次迭代后即达到收敛性要求，则增大步长 h；如果在适当次数迭代后收敛，则保持步长 h。

6.3　含 MMC-HVDC 的交直流系统电压稳定模型

6.3.1　含参数的潮流方程

基于第 4 章推导的含 MMC-HVDC 的交直流混合系统稳态潮流方程，考虑到系统中某一区域或几个区域负荷的变化，对交流系统，其纯交流节点的潮流计算方程为

$$\begin{cases}\Delta P_{\mathrm{a}i}=P_{\mathrm{a}i}-U_{\mathrm{a}i}\sum\limits_{j\in i}U_j(G_{ij}\cos\theta_{ij}+B_{ij}\sin\theta_{ij})+(P_{\mathrm{G}i}-P_{\mathrm{L}i})\lambda=0\\\Delta Q_{\mathrm{a}i}=Q_{\mathrm{a}i}-U_{\mathrm{a}i}\sum\limits_{j\in i}U_j(G_{ij}\sin\theta_{ij}-B_{ij}\cos\theta_{ij})+(Q_{\mathrm{G}i}-Q_{\mathrm{L}i})\lambda=0\end{cases}\tag{6-11}$$

式中，$P_{\mathrm{G}i}$、$Q_{\mathrm{G}i}$ 分别为节点 i 的发电机有功功率和无功功率，$P_{\mathrm{L}i}$、$Q_{\mathrm{L}i}$ 为节点 i 的负荷；λ 为反映负荷变化水平的参数，$\lambda\in\mathbf{R}$；式中其余的变量含义参见第 4 章。

对于直流节点，其潮流计算方程为

$$\begin{cases}\Delta P_{\mathrm{t}i}=\pm P_{\mathrm{t}i}-U_{\mathrm{t}i}\sum\limits_{j\in i}U_j(G_{ij}\cos\theta_{ij}+B_{ij}\sin\theta_{ij})+(P_{\mathrm{G}i}-P_{\mathrm{L}i})\lambda=0\\\Delta Q_{\mathrm{t}i}=\pm Q_{\mathrm{t}i}-U_{\mathrm{t}i}\sum\limits_{j\in i}U_j(G_{ij}\sin\theta_{ij}-B_{ij}\cos\theta_{ij})+(Q_{\mathrm{G}i}-Q_{\mathrm{L}i})\lambda=0\end{cases}\tag{6-12}$$

由上述分析可知，对含 MMC-HVDC 的交直流系统模型而言，式（6-1）中参数的具体含义为：$f\in\mathbf{R}^{2(n-1)+4n_{\mathrm{MMC}}+1}$，$x\in\mathbf{R}^{2(n-1)+4n_{\mathrm{MMC}}+1}$，$f$ 为节点潮流平衡方程，x 为系统状态变量，即节点电压幅值和相角组成的待求变量，以及直流系统状态变量；潮流方程共为 2（n−1）+4n_{MMC}+1=2n_1+n_2+4n_{MMC}+1 个，其中 n_1、n_2 分别为系统中 PQ 和 PV 母线数目。

6.3.2　基于统一迭代法的连续潮流算法

目前求解交直流混合系统潮流的方法主要有交替迭代法和统一迭代法 2 种，而当与直流线路相连的交流系统较弱时，交替迭代法的收敛性会变差，可能出现迭代次数明显增加甚至不收敛的现象[40, 41]。并且在交直流系统中，当交流系统相较于直流系统为弱系统时，电压稳定性问题较突出。因此，本章主要围绕含 MMC-HVDC 的交直流系统的电压稳定性分析开展工作，采用统一迭代法进行交直流混合系统的潮流计算，即将交流节点电压的幅值、相角和直流系统中的状态变量统一进行求解，是以极坐标下的牛顿-拉夫逊法为基础的。

如前面所述，连续潮流法假设系统处于准静态的状态下，从初始稳定工作点出发，随着负荷缓慢增加，不断求解潮流方程，沿相应的 λ-U 曲线对下一工作点进行预估、校正，从而描绘出系统完整的 λ-U 曲线，是一种包括预测环节和校正环节的迭代方法[42]。

以含 MMC-HVDC 的交直流混合系统的换流母线电压为研究对象，设该系统潮流解曲线上的当前初始状态为 $(x_l,\lambda_l)^{\mathrm{T}}$，$l$ 为连续潮流法中预测校正环节所采用牛顿-拉夫逊法的迭代次数。

预测环节所用方法为一阶微分方法，即以切线为预测的方向，对 $f(x,\lambda)=0$ 取全微分，可得[42]

$$\begin{bmatrix} f_x' & f_\lambda' \end{bmatrix}\begin{bmatrix} \mathrm{d}x \\ \mathrm{d}\lambda \end{bmatrix}=0 \tag{6-13}$$

式中，$f_x'=\dfrac{\partial f}{\partial x}$ 为潮流方程关于 x 的雅可比矩阵，$f_\lambda'=\dfrac{\partial f}{\partial \lambda}$ 为潮流方程关于 λ 的偏导数，$\begin{bmatrix}\mathrm{d}x, \ \mathrm{d}\lambda\end{bmatrix}^{\mathrm{T}}$ 为所要求出的切向量。

因为引入了参数 λ，使得潮流方程增加了一个未知变量，为求得切向量，需要增加一个方程。局部参数法通过指定切向量中的某一分量为+1 或−1 来解决这一问题，所选定的分量为连续参数。这时的潮流方程为

$$\begin{bmatrix} f_x' & f_\lambda' \\ \multicolumn{2}{c}{e_K} \end{bmatrix}\begin{bmatrix} \mathrm{d}x \\ \mathrm{d}\lambda \end{bmatrix}=\begin{bmatrix} 0 \\ \pm 1 \end{bmatrix} \tag{6-14}$$

式中，e_K 为第 K 个元素为+1，其余元素均为 0 的行向量，其维数为 $2(n-1)+6n_{\mathrm{MMC}}+1$。由于引入了一个附加方程，使得在临界运行点雅可比矩阵非奇异。

对第 4 章中的式（4-17），在引入式（6-14）的附加方程后修正为

$$\Delta \boldsymbol{f}=-\boldsymbol{J}\Delta \boldsymbol{x} \tag{6-15}$$

$$\Delta \boldsymbol{x}=\left[\Delta \boldsymbol{x}_{\mathrm{ac}}^{\mathrm{T}},\Delta \boldsymbol{x}_{\mathrm{ac\text{-}dc}}^{\mathrm{T}},\Delta \boldsymbol{x}_{\mathrm{dc}}^{\mathrm{T}},\Delta \lambda_l^{\mathrm{T}}\right]^{\mathrm{T}}$$

式中，$\Delta \boldsymbol{f}=\left[\boldsymbol{f}_{\mathrm{ac}}^{\mathrm{T}},\boldsymbol{f}_{\mathrm{ac\text{-}dc}}^{\mathrm{T}},\boldsymbol{f}_{\mathrm{dc}}^{\mathrm{T}},\boldsymbol{f}_{\lambda}^{\mathrm{T}}\right]^{\mathrm{T}}$，

$$\boldsymbol{J}(\boldsymbol{x}_{\mathrm{ac}},\boldsymbol{x}_{\mathrm{ac\text{-}dc}},\boldsymbol{x}_{\mathrm{dc}},\lambda_l)=\begin{bmatrix} \dfrac{\partial \boldsymbol{f}_{\mathrm{ac}}}{\partial \boldsymbol{x}_{\mathrm{ac}}} & \dfrac{\partial \boldsymbol{f}_{\mathrm{ac}}}{\partial \boldsymbol{x}_{\mathrm{ac\text{-}dc}}} & \dfrac{\partial \boldsymbol{f}_{\mathrm{ac}}}{\partial \boldsymbol{x}_{\mathrm{dc}}} & \dfrac{\partial \boldsymbol{f}_{\mathrm{ac}}}{\partial \lambda_l} \\ \dfrac{\partial \boldsymbol{f}_{\mathrm{ac\text{-}dc}}}{\partial \boldsymbol{x}_{\mathrm{ac}}} & \dfrac{\partial \boldsymbol{f}_{\mathrm{ac\text{-}dc}}}{\partial \boldsymbol{x}_{\mathrm{ac\text{-}dc}}} & \dfrac{\partial \boldsymbol{f}_{\mathrm{ac\text{-}dc}}}{\partial \boldsymbol{x}_{\mathrm{dc}}} & \dfrac{\partial \boldsymbol{f}_{\mathrm{ac\text{-}dc}}}{\partial \lambda_l} \\ \dfrac{\partial \boldsymbol{f}_{\mathrm{dc}}}{\partial \boldsymbol{x}_{\mathrm{ac}}} & \dfrac{\partial \boldsymbol{f}_{\mathrm{dc}}}{\partial \boldsymbol{x}_{\mathrm{ac\text{-}dc}}} & \dfrac{\partial \boldsymbol{f}_{\mathrm{dc}}}{\partial \boldsymbol{x}_{\mathrm{dc}}} & \dfrac{\partial \boldsymbol{f}_{\mathrm{dc}}}{\partial \lambda_l} \\ \multicolumn{4}{c}{e_K} \end{bmatrix}=\begin{bmatrix} \boldsymbol{J}_{\mathrm{a\text{-}a}} & \boldsymbol{0} & \boldsymbol{0} & \boldsymbol{J}_{\mathrm{a\text{-}\lambda}} \\ \boldsymbol{J}_{\mathrm{ad\text{-}a}} & \boldsymbol{J}_{\mathrm{ad\text{-}ad}} & \boldsymbol{0} & \boldsymbol{J}_{\mathrm{ad\text{-}\lambda}} \\ \boldsymbol{J}_{\mathrm{d\text{-}a}} & \boldsymbol{J}_{\mathrm{d\text{-}ad}} & \boldsymbol{J}_{\mathrm{d\text{-}d}} & \boldsymbol{0} \\ \multicolumn{4}{c}{e_K} \end{bmatrix} \tag{6-16}$$

式中，$\boldsymbol{f}_{\lambda}=\pm 1$；$\Delta \boldsymbol{x}_{\mathrm{ac}}=\left[\Delta U_1,\Delta\theta_1,\cdots,\Delta U_n,\Delta\theta_n\right]^{\mathrm{T}}$；$\Delta \boldsymbol{x}_{\mathrm{ac\text{-}dc}}=\left[\Delta P_{\mathrm{t1}},\Delta Q_{\mathrm{t1}},\cdots,\Delta P_{\mathrm{t}n_{\mathrm{MMC}}},\Delta Q_{\mathrm{t}n_{\mathrm{MMC}}}\right]^{\mathrm{T}}$；$\Delta \boldsymbol{x}_{\mathrm{dc}}=[\Delta U_{\mathrm{d1}},\Delta I_{\mathrm{d1}},\Delta\delta_1,\Delta M_1,\cdots,\Delta U_{\mathrm{d}n_{\mathrm{MMC}}},\Delta I_{\mathrm{d}n_{\mathrm{MMC}}},\Delta\delta_{n_{\mathrm{MMC}}},\Delta M_{n_{\mathrm{MMC}}}]^{\mathrm{T}}$。$\boldsymbol{J}$ 的维数为 [2(n−1)+

$4n_{\text{MMC}}+1]\times[2(n-1)+6n_{\text{MMC}}+1]$；子矩阵 $\boldsymbol{J}_{\text{a-a}}$ 的维数为 $2(n-1)\times2(n-1)$；子矩阵 $\boldsymbol{J}_{\text{ad-a}}$ 的维数为 $2n_{\text{MMC}}\times2(n-1)$；子矩阵 $\boldsymbol{J}_{\text{d-a}}$ 的维数为 $2n_{\text{MMC}}\times2(n-1)$；子矩阵 $\boldsymbol{J}_{\text{ad-ad}}$ 的维数为 $2n_{\text{MMC}}\times2n_{\text{MMC}}$；子矩阵 $\boldsymbol{J}_{\text{d-ad}}$ 的维数为 $2n_{\text{MMC}}\times2n_{\text{MMC}}$；子矩阵 $\boldsymbol{J}_{\text{d-d}}$ 的维数为 $2n_{\text{MMC}}\times4n_{\text{MMC}}$；子矩阵 $\boldsymbol{J}_{\text{a-}\lambda}$ 的维数为 $2(n-1)\times1$；子矩阵 $\boldsymbol{J}_{\text{ad-}\lambda}$ 的维数为 $2n_{\text{MMC}}\times1$；子矩阵 e_K 维数为 $1\times[2(n-1)+6n_{\text{MMC}}+1]$。具体每个元素的详细计算公式可参见 6.5 节。

对于 n 节点系统，当其中含有 n_{MMC} 个 MMC 时，共可列出 $2(n-1)+4n_{\text{MMC}}+1$ 个方程，其中共有 $2(n-1)+6n_{\text{MMC}}+1$ 个变量。考虑到 MMC-HVDC 中 MMC 的常用稳态控制方式的不同，需要根据给定的控制方式消去对应的 $2n_{\text{MMC}}$ 个变量，具体修正方法如下：

（1）当第 i 个 MMC 为定直流电压控制时，$U_{\text{d}i}$ 为确定量，则$\Delta\boldsymbol{x}_{\text{dc}}$ 中去掉$\Delta U_{\text{d}i}$，$\boldsymbol{J}_{\text{d-d}}$ 去掉对应的列；

（2）当第 i 个 MMC 为定交流电压控制时，$U_{\text{t}i}$ 为确定量，则$\Delta\boldsymbol{x}_{\text{ac}}$ 去掉$\Delta U_{\text{t}i}$，$\boldsymbol{J}_{\text{a-a}}$ 去掉对应的列；

（3）当第 i 个 MMC 为定有功功率控制时，$P_{\text{t}i}$ 为确定量，则$\Delta\boldsymbol{x}_{\text{ac-dc}}$ 去掉$\Delta P_{\text{t}i}$，$\boldsymbol{J}_{\text{ad-a}}$ 去掉对应的列；

（4）当第 i 个 MMC 为定无功功率控制时，$Q_{\text{t}i}$ 为确定量，则$\Delta\boldsymbol{x}_{\text{ac-dc}}$ 去掉$\Delta Q_{\text{t}i}$，$\boldsymbol{J}_{\text{ad-a}}$ 去掉对应的列。

通过以上分析确定出$\left[\mathrm{d}x,\ \mathrm{d}\lambda\right]^{\mathrm{T}}$，即得所预测的方向，可以计算预测值为

$$\begin{bmatrix} x'_{l+1} \\ \lambda'_{l+1} \end{bmatrix} = \begin{bmatrix} x_l \\ \lambda_l \end{bmatrix} + h\begin{bmatrix} \mathrm{d}x \\ \mathrm{d}\lambda \end{bmatrix} \tag{6-17}$$

式中，$\left[x'_{l+1x} \quad \lambda'_{l+1}\right]^{\mathrm{T}}$ 是预测值，是一个近似解，其不在解曲线上；h 为预测步长，其数值应使下一点的预测值落在收敛半径内，即在规定的连续潮流参数下潮流解存在。若对给定的步长，在下一个校正环节中潮流方程发散，则要减小步长，步长的极小值设为 $h_{\min}$（$h_{\min}$ 为人为设定精度值）。

当 $\dfrac{\left|\lambda'_{l+1}-\lambda'_l\right|}{\lambda'_l}<\varepsilon$ 时（ε 为人为设定的精度值），系统达到临界状态，此时 λ'_l 对应的工作点即为临界点，计算结束，并输出计算结果；若没有达到临界点，则执行下一步，进行校正，以求取精确解。

校正环节中，将上面得到的预测值$\left[x'_{l+1},\ \lambda'_{l+1}\right]^{\mathrm{T}}$ 代入潮流方程 $f(x,\lambda)=0$，其迭代格式为

$$\begin{bmatrix} f'_x & f'_\lambda \\ 0 & 1 \end{bmatrix}\begin{bmatrix} \Delta x \\ \Delta\lambda \end{bmatrix} = -\begin{bmatrix} f(x,\lambda) \\ 0 \end{bmatrix} \tag{6-18}$$

若上述潮流计算收敛，则可以得到此次校正后的解曲线上的一个精确解，然后开始新的预测步进行预测。若此时潮流发散，再判断此时校正环节所采用牛顿-拉夫逊法

的迭代计算次数 l 是否越限，若是，则减小步长，使 L=L+1，返回重新进行迭代，采用垂直校正方法迭代求解，直到 h 减小到 $h < h_{\min}$ 时为止；若 l 没有越限，则选择新的连续参数，采用水平校正方法对潮流方程求解，求出此时的精确解，将其作为新的预测初值，重新进行迭代，直到达到临界点[42]。此时的迭代格式为

$$\begin{bmatrix} f_x' & f_\lambda' \\ e_K & 0 \end{bmatrix}\begin{bmatrix} \Delta x \\ \Delta\lambda \end{bmatrix} = -\begin{bmatrix} f(x,\lambda) \\ 0 \end{bmatrix} \tag{6-19}$$

随着负荷的连续增加，即可得到系统完整的 λ-U 曲线。

综上所述，基于统一迭代法的连续潮流算法流程如图 6-3 所示[43-45]。

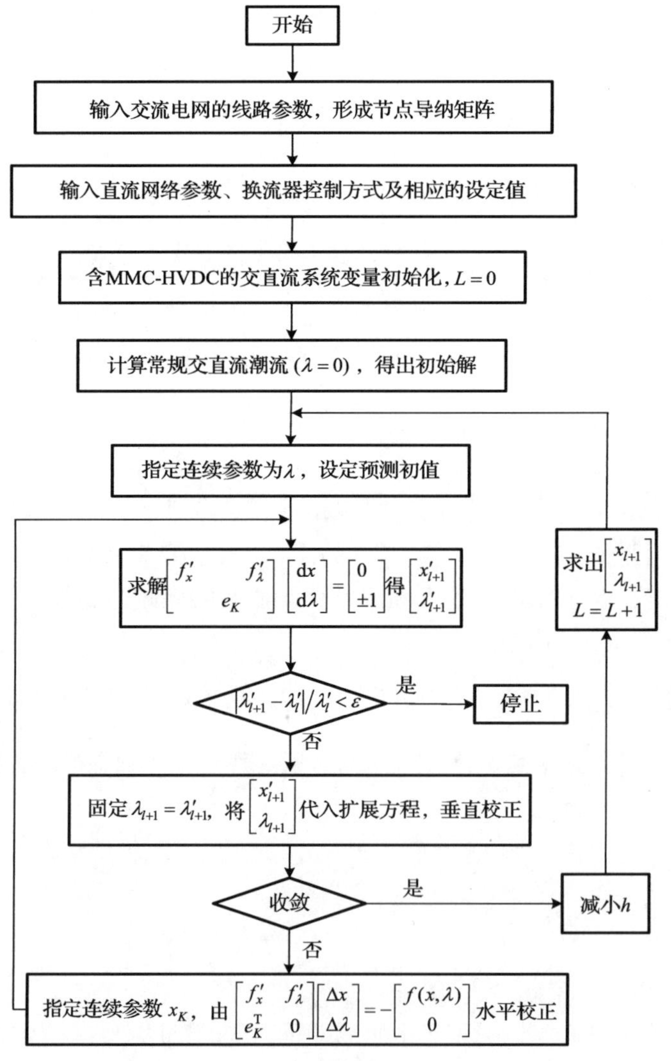

图 6-3　基于统一迭代法的连续潮流算法流程图

6.4 算例分析

为验证本章模型的有效性，对修后的 IEEE-14 节点交直流系统（详见第 8 章）进行算例仿真计算。以恒功率模型为算例系统的静态负荷特性，设平衡节点和 PV 节点的电压保持不变，负荷均匀增加直到极限运行状态，通过连续潮流法求得算例系统在各种典型运行方式下的电压稳定裕度，收敛精度设定为 $\varepsilon=10^{-6}$。

由于直流输电线路的换流端可以看成一种特殊的负荷，交直流系统的电压稳定性与所连接的交流系统变得相对较弱有关，而电压稳定性问题可能出现在整流端或逆变端，但是，特别感兴趣的是与弱交流系统连接的逆变站端[46]。因而，本章算例以 MMC-HVDC 逆变侧的局部系统为主要研究对象，分析系统的电压稳定行为。

为叙述简便，本章算例仿真中 MMC-HVDC 的运行方式由表 6-1 设定，同时表 6-1 给出了 MMC-HVDC 四种不同的稳态控制方式及其参数的设定值。

表 6-1　MMC-HVDC 运行方式及控制参数设置

运行方式	换流器控制参数	
	MMC_1	MMC_2
1	定直流电压 $U_{d1}^{ref}=2.0000$	定交流有功功率 $P_{s2}^{ref}=-0.8993$
	定交流无功功率 $Q_{s1}^{ref}=0.1220$	定交流无功功率 $Q_{s2}^{ref}=0.1734$
2	定直流电压 $U_{d1}^{ref}=2.0000$	定交流有功功率 $P_{s2}^{ref}=-0.8993$
	定交流无功功率 $Q_{s1}^{ref}=0.1220$	定交流电压 $U_{s2}^{ref}=1.0186$
3	定直流电压 $U_{d2}^{ref}=1.9863$	定交流有功功率 $P_{s1}^{ref}=0.9194$
	定交流电压 $U_{s2}^{ref}=1.0186$	定交流无功功率 $Q_{s1}^{ref}=0.1220$
4	定直流电压 $U_{d2}^{ref}=1.9863$	定交流有功功率 $P_{s1}^{ref}=0.9194$
	定交流电压 $U_{s2}^{ref}=1.0186$	定交流电压 $U_{s1}^{ref}=1.0203$

以图 6-4 所示修改后的 IEEE-14 节点交直流混合系统为例进行仿真，交流线路参数与 IEEE-14 节点系统一致，不同的是用一条 MMC-HVDC 直流线路替换原 IEEE-14 节点系统的节点 13、14 之间的交流线路。

图 6-4 中 MMC_1、MMC_2 分别连接于节点 13、14 上，MMC_1、MMC_2 的参数一致，其中 MMC_2 为逆变侧。换流变压器阻抗 X_L=0.15p.u.，换流器内部损耗和换流变压器损耗的等效电阻 R=0.006p.u.，直流电阻 R_d=0.03p.u.。

下面将选取换流母线 13、14 和节点 9、节点 12 为研究对象，从表 6-1 所示的 4 种不同的运行方式出发，详细分析在 MMC-HVDC 系统采取不同运行方式时，含 MMC-HVDC 的交直流混合系统的电压稳定性。根据表 6-1 所示的 MMC-HVDC 系统的典型控制方式，分为以下 3 种情况进行讨论。

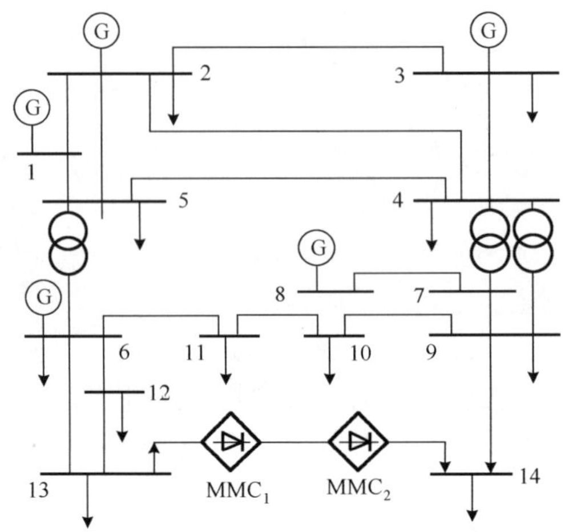

图 6-4　修改后的 IEEE-14 节点交直流混合系统

6.4.1　运行方式 1

图 6-5（λ、U 为标么值）为 MMC-HVDC 运行在表 6-1 所示方式 1 时部分节点（节点 9、节点 12、节点 13 和节点 14）的 λ-U 曲线图，表 6-2 为 MMC-HVDC 在运行方式 1 下的初始潮流数据和最大负荷率时的潮流数据。

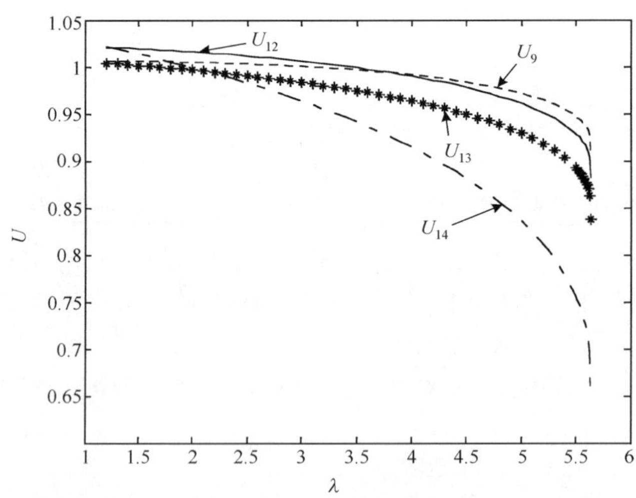

图 6-5　方式 1 下部分节点的电压

由图 6-5 和表 6-2 可知，在运行方式 1 下，随着负荷水平的不断增加，负荷节点的电压相应降低，直到电压崩溃点，此时电压稳定裕度为 λ=6.6358，节点 14 的电压幅值 U_{14} 降落最为明显（$U_{14}=0.6451 < U_{13}=0.8381 < U_{12}=0.8816 < U_9=0.9083$），这

是因为节点 14 为 MMC-HVDC 的逆变器端，说明了在交直流系统中，最易发生电压失稳的节点一般位于逆变侧，尤其在重负荷区域。

表 6-2　初始潮流数据和最大负荷率时的潮流数据

换流器	变量					
	U_d	I_d	δ	M	P_d	Q_d
MMC_1	2.0000	0.4551	0.1370	0.8108	0.9153	0.1220
	2.0000	0.4584	0.1947	0.6840	0.9240	0.1220
MMC_2	1.9863	–0.4551	–0.1292	0.8397	–0.8993	0.1734
	1.9862	–0.4584	–0.3065	0.5505	–0.8993	0.1734
节点	U_9	U_{12}	U_{13}	U_{14}	—	—
电压幅值	1.0058	1.0245	1.0107	1.0448	—	—
	0.9083	0.8816	0.8381	0.6451	—	—

注：表中双行的上行为初始潮流数据，下行为系统达到最大负荷率（对应图 6-5 中的 λ =6.6358）时的数据。

6.4.2　运行方式 2 和 3

图 6-6（a）和（b）为 MMC-HVDC 运行在表 6-1 所示方式 2 和 3 时部分节点（节点 9、节点 12、节点 13 和节点 14）的 λ-U 曲线图。

从图 6-6 可见，在负荷的持续增长下，图 6-6(a)中节点 14 的电压幅值 U_{14} 基本维持恒定，这是由于运行方式 2 中，MMC_2 采用的是定交流母线电压控制方式。同理，图 6-6(b)中节点 13 的电压幅值 U_{13} 也基本维持恒定，是因为运行方式 3 中 MMC_1 采用的也是定交流母线电压控制方式；此外，运行方式 2 和 3 较方式 1 时的负荷裕度有所增大，这验证了 MMC-HVDC 具有向系统提供无功功率支撑的能力。

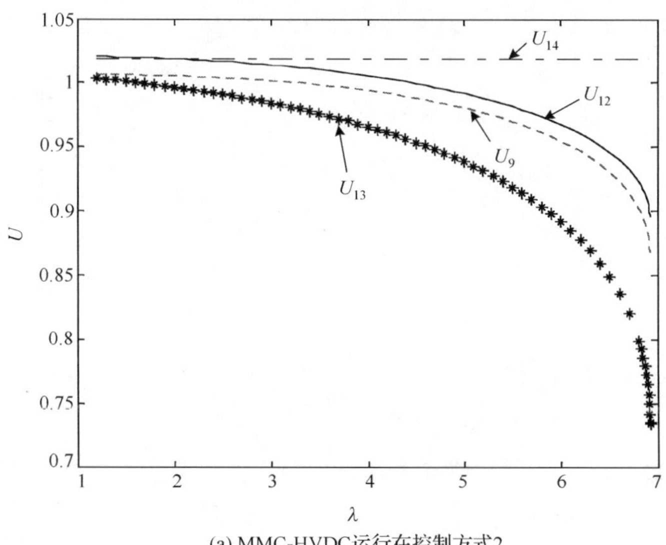

(a) MMC-HVDC运行在控制方式2

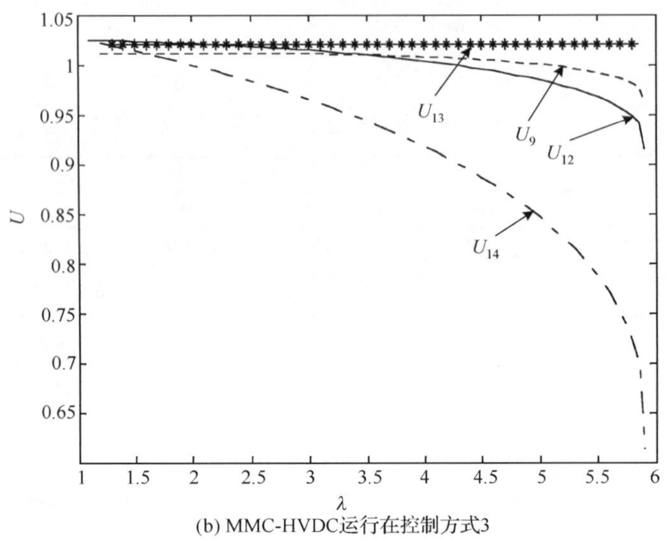

(b) MMC-HVDC运行在控制方式3

图 6-6　方式 2 和 3 下部分节点的电压

6.4.3　运行方式 4

图 6-7 为 MMC-HVDC 运行在表 6-1 所示方式 4 时部分节点（节点 9、节点 12、节点 13 和节点 14）的 λ-U 曲线图。

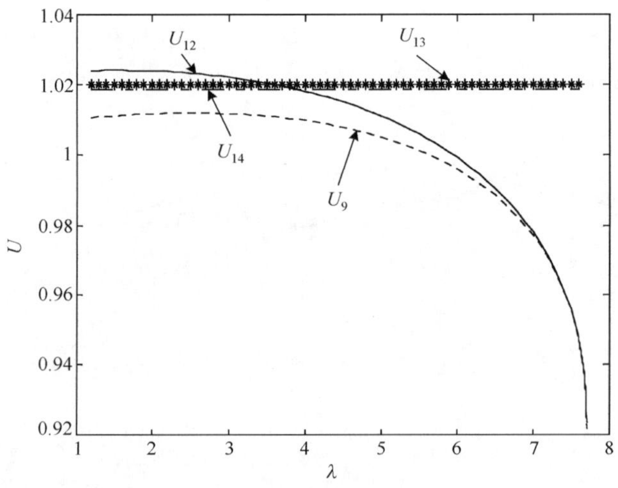

图 6-7　方式 4 下部分节点的电压

由图 6-7 可知，在负荷的持续增长下，节点 13 和节点 14 的电压幅值 U_{13} 和 U_{14} 均基本保持不变，这是由于在方式 4 下 MMC_1 和 MMC_2 采用的均为定交流母线电压控制方式。

与前 3 种运行方式相比，系统在运行方式 4 时的负荷裕度最大，此种方式下交直流系统具有更好的电压稳定性。

对 MMC-HVDC 的 4 控制方式进行比较分析可知，MMC-HVDC 能够向交流母线提供必要的无功功率，从而实现了一定的电压支撑作用，但是需要指出的是，发挥其无功补偿的能力需要建立在其合适的控制方式的基础之上。

6.4.4 MMC-HVDC 运行在 4 种方式下的性能比较

表 6-3 列出了 MMC-HVDC 换流器运行在 4 种不同方式下负荷裕度（标么值）、迭代次数、运行时间的性能比较。

表 6-3　4 种运行方式性能比较

运行方式	负荷裕度 λ	迭代次数/次	运行时间/s
1	6.6358	7	1.7476
2	7.9192	8	1.8601
3	6.8980	7	1.4371
4	7.7192	7	2.2859

由表 6-3 可知，MMC-HVDC 运行在方式 2、3 和 4 下的负荷裕度均大于方式 1，其中以方式 4 时负荷裕度最大，其值为 λ=7.7192，较方式 1 时的负荷裕度（6.6358）增大了 2.0834。这是由于 MMC-HVDC 自身的无功功率双向调节发挥作用的结果。因而，当负荷的持续增加时，交直流系统的无功功率需求随之增大，MMC-HVDC 换流站可快速地向系统提供无功功率输出，补偿了所连接交流系统母线的无功功率，从而改善了交直流混合系统的电压稳定性。

6.5　交直流系统连续潮流算法雅可比矩阵元素

含 MMC-HVDC 的交直流系统连续潮流算法中，雅可比矩阵 $\boldsymbol{J}$ 各元素的具体表达式如下。

（1）$\boldsymbol{J}_{\text{a-a}}$

$$\frac{\partial \Delta P_{\text{a}i}}{\partial U_j}=\begin{cases}-\sum\limits_{p\in i,p\neq i}U_p(G_{ip}\cos\theta_{ip}+B_{ip}\sin\theta_{ip})-2G_{ii}U_i, & i=j\\ -U_i(G_{ij}\cos\theta_{ij}+B_{ij}\sin\theta_{ij}), & i\neq j\end{cases}\tag{6-20}$$

$$\frac{\partial \Delta P_{\text{a}i}}{\partial \theta_j}=\begin{cases}-U_i\sum\limits_{p\in i,p\neq i}U_p(-G_{ip}\sin\theta_{ip}+B_{ip}\cos\theta_{ip}), & i=j\\ -U_iU_j(G_{ij}\sin\theta_{ij}-B_{ij}\cos\theta_{ij}), & i\neq j\end{cases}\tag{6-21}$$

$$\frac{\partial \Delta Q_{\mathrm{a}i}}{\partial U_j}=\begin{cases}-\sum\limits_{p\in i,p\neq i} U_p(G_{ip}\sin\theta_{ip}-B_{ip}\cos\theta_{ip})+2B_{ii}U_i, & i=j\\ -U_i(G_{ij}\sin\theta_{ij}-B_{ij}\cos\theta_{ij}), & i\neq j\end{cases} \tag{6-22}$$

$$\frac{\partial \Delta Q_{\mathrm{a}i}}{\partial \theta_j}=\begin{cases}-U_i\sum\limits_{p\in i,p\neq i} U_p(G_{ip}\cos\theta_{ip}+B_{ip}\sin\theta_{ip}), & i=j\\ U_iU_j(G_{ij}\cos\theta_{ij}+B_{ij}\sin\theta_{ij}), & i\neq j\end{cases} \tag{6-23}$$

（2）$\boldsymbol{J}_{\mathrm{ad\text{-}a}}$中元素的表达式与$\boldsymbol{J}_{\mathrm{a\text{-}a}}$中相应元素的表达式相同，在此不再叙述。

（3）$\boldsymbol{J}_{\mathrm{ad\text{-}ad}}$

$$\frac{\partial \Delta P_{\mathrm{t}i}}{\partial P_{\mathrm{s}j}}=\frac{\partial \Delta Q_{\mathrm{t}i}}{\partial Q_{\mathrm{s}j}}=\begin{cases}-1, & i=j\\ 0, & i\neq j\end{cases} \tag{6-24}$$

$$\frac{\partial \Delta P_{\mathrm{t}i}}{\partial Q_{\mathrm{s}j}}=\frac{\partial \Delta Q_{\mathrm{t}i}}{\partial P_{\mathrm{s}j}}=0 \tag{6-25}$$

（4）$\boldsymbol{J}_{\mathrm{d\text{-}a}}$

$$\frac{\partial \Delta d_{i1}}{\partial U_{\mathrm{t}j}}=\begin{cases}\frac{\sqrt{6}}{4}M_iU_{\mathrm{d}i}|Y|\cos(\delta_i+\alpha_i)-2U_{\mathrm{t}i}|Y|\cos\alpha_i, & i=j\\ 0, & i\neq j\end{cases} \tag{6-26}$$

$$\frac{\partial \Delta d_{i2}}{\partial U_{\mathrm{t}j}}=\begin{cases}\frac{\sqrt{6}}{4}M_iU_{\mathrm{d}i}|Y|\sin(\delta_i+\alpha_i)-2U_{\mathrm{t}i}|Y|\sin\alpha_i, & i=j\\ 0, & i\neq j\end{cases} \tag{6-27}$$

$$\frac{\partial \Delta d_{i3}}{\partial U_{\mathrm{t}j}}=\begin{cases}-\frac{\sqrt{6}}{4}M_iU_{\mathrm{d}i}|Y|\cos(\delta_i-\alpha_i), & i=j\\ 0, & i\neq j\end{cases} \tag{6-28}$$

$$\frac{\partial \Delta d_{i4}}{\partial U_{\mathrm{t}j}}=0 \tag{6-29}$$

（5）$\boldsymbol{J}_{\mathrm{d\text{-}ad}}$

$$\frac{\partial \Delta d_{i1}}{\partial P_{\mathrm{s}j}}=\frac{\partial \Delta d_{i2}}{\partial Q_{\mathrm{s}j}}=\begin{cases}1, & i=j\\ 0, & i\neq j\end{cases} \tag{6-30}$$

$$\frac{\partial \Delta d_{i1}}{\partial Q_{\mathrm{s}j}}=\frac{\partial \Delta d_{i2}}{\partial P_{\mathrm{s}j}}=\frac{\partial \Delta d_{i3}}{\partial P_{\mathrm{s}j}}=\frac{\partial \Delta d_{i3}}{\partial Q_{\mathrm{s}j}}=\frac{\partial \Delta d_{i4}}{\partial P_{\mathrm{s}j}}=\frac{\partial \Delta d_{i4}}{\partial Q_{\mathrm{s}j}}=0 \tag{6-31}$$

（6）$\boldsymbol{J}_{\text{d-d}}$

$$\frac{\partial \Delta d_{i1}}{\partial U_{\text{d}j}}=\begin{cases}\dfrac{\sqrt{6}}{4}M_iU_{\text{t}i}|Y|\cos(\delta_i+\alpha_i), & i=j\\ 0, & i\neq j\end{cases} \tag{6-32}$$

$$\frac{\partial \Delta d_{i1}}{\partial I_{\text{d}j}}=\frac{\partial \Delta d_{i2}}{\partial I_{\text{d}j}}=0 \tag{6-33}$$

$$\frac{\partial \Delta d_{i1}}{\partial \delta_j}=\begin{cases}-\dfrac{\sqrt{6}}{4}M_iU_{\text{t}i}U_{\text{d}i}|Y|\sin(\delta_i+\alpha_i), & i=j\\ 0, & i\neq j\end{cases} \tag{6-34}$$

$$\frac{\partial \Delta d_{i1}}{\partial M_j}=\begin{cases}\dfrac{\sqrt{6}}{4}U_{\text{t}i}U_{\text{d}i}|Y|\cos(\delta_i+\alpha_i), & i=j\\ 0, & i\neq j\end{cases} \tag{6-35}$$

$$\frac{\partial \Delta d_{i2}}{\partial U_{\text{d}j}}=\begin{cases}\dfrac{\sqrt{6}}{4}M_iU_{\text{t}i}|Y|\sin(\delta_i+\alpha_i), & i=j\\ 0, & i\neq j\end{cases} \tag{6-36}$$

$$\frac{\partial \Delta d_{i2}}{\partial \delta_j}=\begin{cases}\dfrac{\sqrt{6}}{4}M_iU_{\text{t}i}U_{\text{d}i}|Y|\cos(\delta_i+\alpha_i), & i=j\\ 0, & i\neq j\end{cases} \tag{6-37}$$

$$\frac{\partial \Delta d_{i2}}{\partial M_j}=\begin{cases}\dfrac{\sqrt{6}}{4}U_{\text{t}i}U_{\text{d}i}|Y|\sin(\delta_i+\alpha_i), & i=j\\ 0, & i\neq j\end{cases} \tag{6-38}$$

$$\frac{\partial \Delta d_{i3}}{\partial U_{\text{d}j}}=\begin{cases}I_{\text{d}i}-\dfrac{\sqrt{6}}{4}M_iU_{\text{t}i}|Y|\cos(\delta_i-\alpha_i)+\dfrac{3}{4}M_i^2U_{\text{d}i}|Y|\cos\alpha_i, & i=j\\ 0, & i\neq j\end{cases} \tag{6-39}$$

$$\frac{\partial \Delta d_{i3}}{\partial I_{\text{d}j}}=\begin{cases}U_{\text{d}i}, & i=j\\ 0, & i\neq j\end{cases} \tag{6-40}$$

$$\frac{\partial \Delta d_{i3}}{\partial \delta_j}=\begin{cases}\dfrac{\sqrt{6}}{4}M_iU_{\text{t}i}U_{\text{d}i}|Y|\sin(\delta_i-\alpha_i), & i=j\\ 0, & i\neq j\end{cases} \tag{6-41}$$

$$\frac{\partial \Delta d_{i3}}{\partial M_j}=\begin{cases}-\dfrac{\sqrt{6}}{4}U_{ti}U_{di}|Y|\cos(\delta_i-\alpha_i)+\dfrac{3}{4}M_iU_{di}^2|Y|\cos\alpha_i, & i=j\\ 0, & i\neq j\end{cases} \tag{6-42}$$

$$\frac{\partial \Delta d_{i4}}{\partial U_{dj}}=\begin{cases}-g_{dii}, & i=j\\ -g_{dij}, & i\neq j\end{cases} \tag{6-43}$$

$$\frac{\partial \Delta d_{i4}}{\partial I_{dj}}=\begin{cases}1, & i=j\\ 0, & i\neq j\end{cases} \tag{6-44}$$

$$\frac{\partial \Delta d_{i4}}{\partial \delta_j}=\frac{\partial \Delta d_{i4}}{\partial M_j}=0 \tag{6-45}$$

（7）$\boldsymbol{J}_{\text{a-}\lambda}$

$$\frac{\partial \Delta P_{ai}}{\partial \lambda_l}=P_{Gi}-P_{Li} \tag{6-46}$$

$$\frac{\partial \Delta Q_{ai}}{\partial \lambda_l}=Q_{Gi}-Q_{Li} \tag{6-47}$$

（8）$\boldsymbol{J}_{\text{ad-}\lambda}$

$$\frac{\partial \Delta P_{ti}}{\partial \lambda_l}=P_{Gi}-P_{Li} \tag{6-48}$$

$$\frac{\partial \Delta Q_{ti}}{\partial \lambda_l}=Q_{Gi}-Q_{Li} \tag{6-49}$$

6.6 本 章 小 结

交直流互联系统的稳定性问题是交直流系统研究中的一项重要内容，其中，与直流系统连接的交流系统换流母线的电压稳定性是一个重要的研究方向。随着MMC-HVDC 输电技术的理论研究和工程应用的深入开展，探讨其对所馈入交流系统的电压稳定性影响具有重要意义。

本章在电力系统电压稳定的分析基础之上，结合 MMC-HVDC 的稳态特性，通过确定含参数的 MMC-HVDC 潮流方程，建立了含 MMC-HVDC 的交直流混合系统的电压稳定性分析模型，并通过修改后的 IEEE 节点算例系统验证所提方法的正确性和有效性，得到的结论主要如下。

（1）对含 MMC-HVDC 的交直流系统，在运行方式 1 下，即 MMC 换流端采用定直流电压、定交流无功功率控制方式，逆变端采用定交流有功功率、定交流无功功率控制方式时，在负荷的持续增长下，逆变侧的电压跌落幅度大于整流端，这和传统的 HVDC 系统电压稳定特性类似，主要是由于 MMC 逆变侧在此时的控制方式下，未能向系统提供有效的无功功率支援。

（2）在运行方式 2 和 3 下，即运行方式 2 中 MMC 换流端采用定直流电压、定交流无功功率控制方式，逆变端采用定交流有功功率、定交流电压控制方式，以及运行方式 3 中 MMC 换流端采用定直流电压、定交流电压控制方式，逆变端采用定交流有功功率、定交流无功功率控制方式时，在负荷的持续增长下，逆变侧的电压均基本维持恒定，未产生明显的跌落，这有别于传统的 HVDC 系统电压稳定特性，验证了 MMC-HVDC 具有向系统及时提供无功支撑的能力。

（3）与前 3 种运行方式相比，系统在运行方式 4（MMC 换流端采用定直流电压、定交流电压控制方式，逆变端采用定交流有功功率、定交流电压控制）时的负荷裕度最大，此时系统具有良好的电压稳定特性，验证了在合适的控制方式下，MMC-HVDC 对所在交直流混合系统的电压支撑作用。

参 考 文 献

[1] 林伟芳, 汤涌, 卜广全. 多馈入交直流系统电压稳定性研究. 电网技术, 2008, 32(11): 7-12.

[2] 张建设, 张尧, 张志朝, 等. 交直流并联系统的电压稳定研究综述. 继电器, 2005, 33(2): 79-84.

[3] 庄慧敏. 基于分岔理论的交直流电力系统电压稳定性分析方法研究[博士学位论文]. 成都: 西南交通大学, 2009.

[4] Taylor C W. Power System Voltage Stability. 王伟胜, 译. 北京: 中国电力出版社, 2002.

[5] Franken B, Andersson G. Analysis of HVDC converter connected to weak AC system. IEEE Transactions on Power Systems, 1990, 5(1): 235-242.

[6] Cigre and IEEE Joint Task Force. IEEE guide for planning DC links terminating at AC locations having low short-circuit capacities, Part I: AC/DC system interaction phenomena. http: //ieeexplore. ieee. org/Xplore/login. jsp?url=/stamp/stamp. jsp?arnumber=00653230.

[7] 徐政. 联于弱交流系统的直流输电特性研究之一——直流输电的输送能力. 电网技术, 1997, 21(1): 12-16.

[8] 原蔚鹏, 张尧. 多馈入直流线路的交直流混合电网静态电压稳定分析. 中国电力, 2006, 39(7): 35-39.

[9] 杨秀, 郎鹏越, 靳希. 高压直流输电系统功率/电压静态稳定性的建模与分析. 华东电力, 2006, 24(3): 10-12.

[10] 徐政. 联于弱交流系统的直流输电特性研究之二——控制方式与电压稳定性. 电网技术, 1997, 21(3): 1-4.

[11] Pilotto L A S, Szechtman M, Hammad A E. Transient AC voltage related phenomena for HVDC schemes connected to weak AC systems. IEEE Transacions on Power Delivery, 1992, 7(3):

1396-1404.

[12] 欧开建, 荆勇, 任震. 多馈入直流输电系统换流母线电压稳定性评估模型和算法. 电力自动化设备, 2003, 23(9): 24-26.

[13] 胡林献, 陈学允. 崩溃点法交直流联合系统电压稳定性分析. 中国电机工程学报, 1997, 17 (6): 395-398.

[14] Canizares C A, Alvarado F L. Point of collapse and continuation method for large AC/DC systems. IEEE Transactions on Power Systems, 1993, 8(1): 1-8.

[15] 顾华成. 连续潮流法交直流联合电力系统静态电压稳定性研究[硕士学位论文]. 哈尔滨: 哈尔滨工业大学, 2003.

[16] 周双喜, 吕佳丽. 直流输电对电压稳定性的影响. 清华大学学报, 1999, 39(3): 4-7.

[17] 张梅. 交直流混合系统电压稳定性分析的研究[硕士学位论文]. 成都: 四川大学, 2006.

[18] Aik D L H, Andersson G. Voltage stability analysis of multi-infeed HVDC system. IEEE Transactions on Power Delivery, 1997, 12(3): 1309-1318.

[19] Aik D L H, Andersson G. Use of participation factors in modal voltage stability analysis of multi-infeed HVDC system. IEEE Transactions on Power Delivery, 1998, 13(1): 203-211.

[20] 张飚. 基于特征结构法的交直流系统电压稳定性评估[硕士学位论文]. 南宁: 广西大学, 2006.

[21] 刘明波, 程劲晖, 程莹. 交直流并联电力系统动态电压稳定性分析. 电力系统及其自动化, 1999, 23(16): 27-30.

[22] 吴杰康, 张腾, 陈国通. 运用特征值法确定交直流系统电压失稳区. 继电器, 2006, 34(7): 27-31.

[23] 荆勇. 交直流并联系统相互作用和运行安全特性的研究[博士学位论文]. 广州: 华南理工大学, 2003.

[24] 中国南方电网公司. 交直流电力系统仿真技术. 北京: 中国电力出版社, 2006.

[25] Denis L H A, Andersson G. Quasi-static stability of HVDC systems considering dynamic effects of synchronous machines and excitation voltage control. IEEE Transactions on Power Delivery, 2006, 21(3): 1501-1514.

[26] Canizares C A. Voltage Collapse and Transient Energy Function Analysis of AC/DC Systems. Madison: University of Wisconsin Madison, 1991.

[27] 彭志炜, 胡国根, 韩祯祥. 基于分岔理论的电力系统电压稳定性分析. 北京: 中国电力出版社, 2004.

[28] Aik D L H, Andersson G. Nonlinear dynamics in HVDC systems. IEEE Transactions on Power Delivery, 1999, 14(4): 1417-1426.

[29] Padiyar Kr, Rao Ss. Dynamic analysis of voltage instability in AC/DC system. Electrical Power & Energy Systems, 1996, 18(1): 11-18.

[30] 庄慧敏, 肖建. 交直流系统电压稳定性的 Hopf 分岔分析. 高电压技术, 2009, 35(3): 699-704.

[31] 管敏渊, 徐政. 模块化多电平换流器子模块故障特性和冗余保护. 电力系统自动化, 2011, 35(16): 94-98, 104.

[32] 赵成勇, 陈晓芳, 曹春刚, 等. 模块化多电平换流器HVDC直流侧故障控制保护策略. 电力系统自动化, 2011, 35(23): 82-87.

[33] 王姗姗, 周孝信, 汤广福, 等. 交流电网强度对模块化多电平换流器HVDC运行特性的影响. 电网技术, 2011, 35(2): 17-24.

[34] 刘钟淇, 宋强, 刘文华. 采用MMC变流器的VSC-HVDC系统故障态研究. 电力电子技术, 2010, 44(9): 69-71.

[35] Saeedifard M, Iravani R. Dynamic performance of a modular multilevel back-to-back HVDC system. IEEE Transactions on Power Delivery, 2010, 25(4): 2903-2912.

[36] 王姗姗, 周孝信, 汤广福, 等. 模块化多电平换流器HVDC直流双极短路子模块过电流分析. 中国电机工程学报, 2010, 31(1): 1-7.

[37] Adam G P, Anaya-lara O, Burt G, et al. Comparison between two VSC-HVDC transmission technologies: Modular and neutral point clamped multilevel converter. Proceedings of the 35th Annual Conference of the IEEE Industrial Electronics Society, Porto, Portugal, 2009: 277-282.

[38] Adam G P, Anaya-lara O, Burt G. Multi-terminal DC transmission system based on modular multilevel converter. Proceedings of the 44th International Universities Power Engineering Conference, Glasgow, Scotland, UK, 2009: 1-5.

[39] 周鹏程, 卫志农, 王成亮, 等. 优化设置变压器分接头的新算法. 华东电力, 2011, 39(2): 0207-0212.

[40] 王锡凡, 方万良, 杜正春. 现代电力系统分析. 北京: 科学出版社, 2003: 166-202.

[41] 谭涛亮, 张尧, 武志刚. 交直流互联系统节点 PV 曲线的求取. 电网技术, 2009, 33(11): 28-32.

[42] 张伯明, 陈寿孙, 严正. 高等电力网络分析. 北京: 清华大学出版社, 2007: 234-238.

[43] Wei Y, Zheng Z, Sun Y, et al. Voltage stability bifurcation analysis for AC/DC systems with VSC-HVDC. 2013. doi:10. 1155/2013/387167.

[44] 卫志农, 韦延方, 孙国强. 含 VSC-HVDC 的交直流系统电压稳定静态分析方法: 中国, 201010503301.8[P]. 2013-03-06.

[45] 韦延方, 卫志农, 孙国强, 等. 基于 VST 的电压稳定分岔分析. 电网技术, 2011, 35 (7): 81-86.

[46] Prabha K. Power System Stability and Control. New York: McGraw-Hill, 2001.

第 7 章　修改后的 IEEE 节点算例系统参数

本章的参数均是以 100MVA 为功率基值的标幺值，下面不再加以特别说明。纯交流系统的 IEEE 节点系统参数请参考文献[1]和[2]。

7.1　修改后的 IEEE-5 节点系统

修后的 IEEE-5 节点系统如图 7-1 所示，其系统参数如表 7-1 和表 7-2 所示。

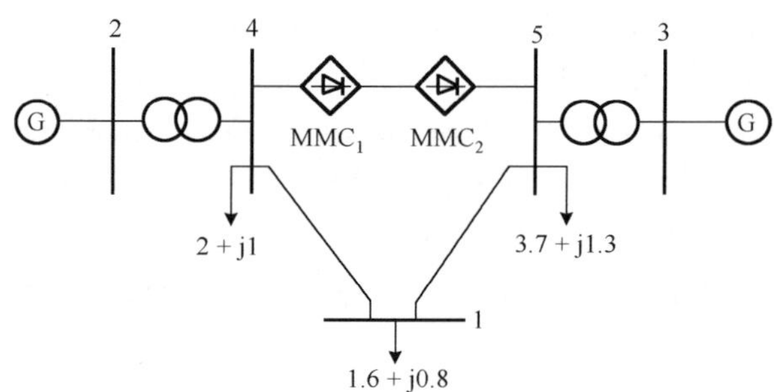

图 7-1　经过修改的 IEEE-5 节点交直流混合系统

表 7-1　交流系统线路参数表

支路号	首端节点	末端节点	支路电阻	支路电抗	–对地电纳/2	变压器变比
1	3	5	0.0000	0.0300	0.0000	1.0500
2	2	4	0.0000	0.0150	0.0000	1.0500
3	1	4	0.0400	0.2500	–0.2500	1.0000
4	1	5	0.1000	0.3500	0.0000	1.0000

表 7-2　交流系统节点负荷参数表

负荷号	节点号	有功功率/MW	无功功率/Mvar
1	1	1.6000	0.8000
2	4	2.0000	1.0000
3	5	3.7000	1.3000

换流器 MMC_1 和 MMC_2 分别连接于原系统节点 4 和节点 5 上。其中 MMC_1 和 MMC_2 的参数一致，换流变压器阻抗 X=0.150p.u.，换流器内部损耗和换流变压器损耗的等效电阻 R=0.006p.u.，直流电阻 R_d=0.03p.u.。

7.2　修改后的 IEEE-14 节点系统

修后的 IEEE-14 节点系统如图 7-2 所示，其系统参数如表 7-3 和表 7-4 所示。

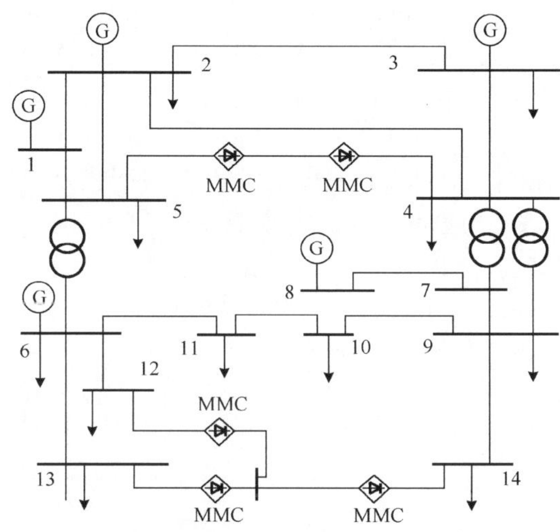

图 7-2　经过修改的 IEEE-14 节点交直流混合系统

表 7-3　交流系统线路参数表

支路号	首端节点	末端节点	支路电阻	支路电抗	–对地电纳/2	变压器变比
1	1	2	0.01938	0.05917	–0.0264	1.0000
2	2	3	0.04699	0.19797	–0.0219	1.0000
3	2	4	0.05811	0.17632	–0.0187	1.0000
4	1	5	0.05403	0.22304	–0.0246	1.0000
5	2	5	0.05695	0.17388	–0.0170	1.0000
6	3	4	0.06701	0.17103	–0.0173	1.0000
7	6	5	0.0000	0.25202	0.0000	0.9320
8	7	4	0.0000	0.20912	0.0000	0.9780
9	7	8	0.0000	0.17615	0.0000	1.0000
10	9	4	0.0000	0.55618	0.0000	1.0000
11	7	9	0.0000	0.11001	0.0000	1.0000
12	9	10	0.03181	0.08450	0.0000	1.0000
13	6	11	0.09498	0.19890	0.0000	1.0000
14	6	12	0.12291	0.25581	0.0000	1.0000
15	6	13	0.06615	0.13027	0.0000	1.0000
16	9	14	0.12711	0.27038	0.0000	1.0000
17	10	11	0.08205	0.19207	0.0000	1.0000
18	12	13	0.22092	0.19988	0.0000	1.0000
19	13	14	0.17093	0.34802	0.0000	1.0000
20	4	5	0.01335	0.04211	–0.0064	1.0000

表 7-4　交流系统节点负荷参数表

负荷号	节点号	有功功率/MW	无功功率/Mvar	负荷号	节点号	有功功率/MW	无功功率/Mvar
1	2	0.2170	0.1270	7	12	0.0900	0.0580
2	3	0.9420	0.1900	8	13	0.0350	0.0180
3	6	0.4780	–0.0390	9	14	0.0610	0.0160
4	7	0.0760	0.0160	10	5	0.1350	0.0580
5	8	0.1120	0.0750	11	4	0.1490	0.0500
6	11	0.2950	0.1660				

换流器 MMC_1、MMC_2、MMC_3、MMC_4 的连接由下述方案设定。

（1）两端系统：MMC_1、MMC_2 分别连接于节点 13 和 14。

（2）三端系统：MMC_1、MMC_2、MMC_3 分别连接于节点 12、13 和 14。

（3）两馈入系统：MMC_1、MMC_2、MMC_3、MMC_4 分别连接于节点 4、5、13 和 14。

MMC_1、MMC_2、MMC_3、MMC_4 的参数一致，换流变压器阻抗 X=0.150p.u.，换流器内部损耗和换流变压器损耗的等效电阻 R=0.006p.u.，直流电阻 R_d=0.03p.u.。

7.3　修改后的 IEEE-30 节点系统

修改后的 IEEE-30 节点系统如图 7-3 所示，其系统参数如表 7-5 和表 7-6 所示。

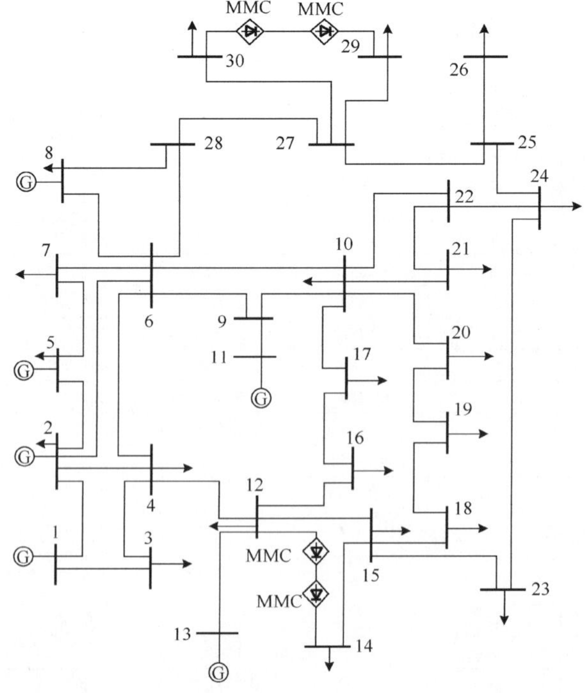

图 7-3　经过修改的 IEEE-30 节点交直流混合系统

表 7-5　交流系统线路参数表

支路号	首端节点	末端节点	支路电阻	支路电抗	–对地电纳/2	变压器变比
1	2	1	0.0192	0.0575	–0.0264	1.0000
2	3	1	0.0452	0.1852	–0.0204	1.0000
3	4	2	0.0570	0.1737	–0.0184	1.0000
4	4	3	0.0132	0.0379	–0.0042	1.0000
5	5	2	0.0472	0.1983	–0.0209	1.0000
6	6	2	0.0581	0.1763	–0.0187	1.0000
7	6	4	0.0119	0.0414	–0.0045	1.0000
8	7	5	0.0460	0.1160	–0.0102	1.0000
9	7	6	0.0267	0.0820	–0.0085	1.0000
10	8	6	0.0120	0.0420	–0.0045	1.0000
11	9	6	0.0000	0.2080	0.0000	0.9780
12	10	6	0.0000	0.5560	0.0000	0.9690
13	11	9	0.0000	0.2080	0.0000	1.0000
14	10	9	0.0000	0.1100	0.0000	1.0000
15	12	4	0.0000	0.2560	0.0000	0.9320
16	13	12	0.0000	0.1400	0.0000	1.0000
17	14	12	0.1231	0.2559	0.0000	1.0000
18	15	12	0.0662	0.1304	0.0000	1.0000
19	16	12	0.0945	0.1987	0.0000	1.0000
20	15	14	0.2210	0.1997	0.0000	1.0000
21	17	16	0.0524	0.1923	0.0000	1.0000
22	18	15	0.1073	0.2185	0.0000	1.0000
23	19	18	0.0639	0.1292	0.0000	1.0000
24	20	19	0.0340	0.0680	0.0000	1.0000
25	20	10	0.0936	0.2090	0.0000	1.0000
26	17	10	0.0324	0.0845	0.0000	1.0000
27	21	10	0.0348	0.0749	0.0000	1.0000
28	22	10	0.0727	0.1499	0.0000	1.0000
29	22	21	0.0116	0.0236	0.0000	1.0000
30	23	15	0.1000	0.2020	0.0000	1.0000
31	24	22	0.1150	0.1790	0.0000	1.0000
32	24	23	0.1320	0.2700	0.0000	1.0000
33	25	24	0.1885	0.3292	0.0000	1.0000
34	26	25	0.2544	0.3800	0.0000	1.0000
35	27	25	0.1093	0.2087	0.0000	1.0000
36	27	28	0.0000	0.3960	0.0000	0.9680
37	29	27	0.2198	0.4153	0.0000	1.0000
38	30	27	0.3202	0.6027	0.0000	1.0000
39	28	8	0.0636	0.2000	–0.0214	1.0000
40	28	6	0.0169	0.0599	–0.0065	1.0000
41	30	29	0.2399	0.4533	0.0000	1.0000

表 7-6　交流系统节点负荷参数表

负荷号	节点号	有功功率/MW	无功功率/Mvar	负荷号	节点号	有功功率/MW	无功功率/Mvar
1	2	0.2170	0.1270	12	17	0.0900	0.0580
2	3	0.0240	0.0120	13	18	0.0320	0.0090
3	4	0.0760	0.0160	14	19	0.0950	0.0340
4	5	0.9420	0.1900	15	20	0.0220	0.0070
5	7	0.2280	0.1090	16	21	0.1750	0.1120
6	8	0.3000	0.3000	17	23	0.0320	0.0160
7	10	0.0580	0.0200	18	24	0.0870	0.0670
8	12	0.1120	0.0750	19	26	0.0350	0.0230
9	14	0.0620	0.0160	20	29	0.0240	0.0090
10	15	0.0820	0.0250	21	30	0.1060	0.0190
11	16	0.0350	0.0180				

换流器 MMC_1、MMC_2、MMC_3、MMC_4 的连接由下述方案设定。

（1）两端系统：MMC_1、MMC_2 分别连接于原系统节点 29 和节点 30 上。

（2）两馈入系统：MMC_1、MMC_2 分别连接于原系统节点 12 和节点 14 上，MMC_3、MMC_4 分别连接于原系统节点 29 和节点 30 上。

MMC_1、MMC_2、MMC_3、MMC_4 的参数一致，换流变压器阻抗 X=0.150p.u.，换流器内部损耗和换流变压器损耗的等效电阻 R=0.006p.u.，直流电阻 R_d=0.03p.u.。

7.4　修改后的 IEEE-39 节点系统

修改后的 IEEE-39 节点系统如图 7-4 所示，其系统参数如表 7-7 和表 7-8 所示。

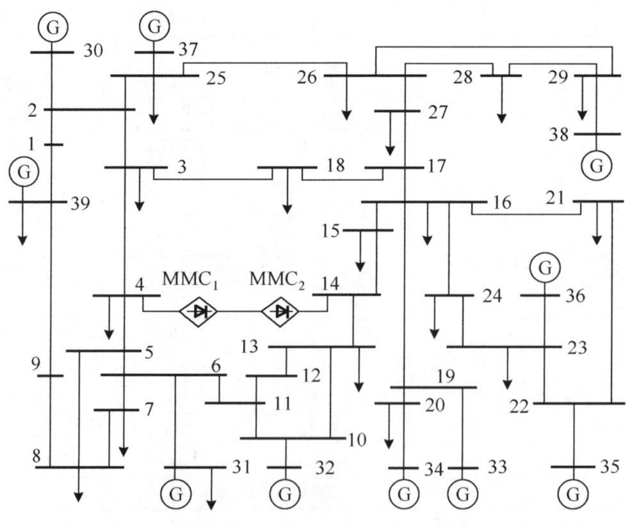

图 7-4　经过修改的 IEEE-39 节点交直流混合系统

表 7-7　交流系统线路参数表

支路号	首端节点	末端节点	支路电阻	支路电抗	–对地电纳/2	变压器变比
1	2	1	0.0035	0.0411	–0.3494	1.0000
2	39	1	0.0010	0.0250	–0.3750	1.0000
3	3	2	0.0013	0.0151	–0.1286	1.0000
4	25	2	0.0070	0.0086	–0.0730	1.0000
5	4	3	0.0013	0.0213	–0.1107	1.0000
6	18	3	0.0011	0.0133	–0.1069	1.0000
7	5	4	0.0008	0.0128	–0.0671	1.0000
8	14	4	0.0008	0.0129	–0.0691	1.0000
9	6	5	0.0002	0.0026	–0.0217	1.0000
10	8	5	0.008	0.0112	–0.0738	1.0000
11	7	6	0.0006	0.0092	–0.0565	0.9780
12	11	6	0.0007	0.0082	–0.0694	0.9690
13	8	7	0.0004	0.0046	–0.0390	1.0000
14	9	8	0.0023	0.0360	–0.1902	1.0000
15	39	9	0.0010	0.0250	–0.6000	0.9320
16	11	10	0.0004	0.0043	–0.0364	1.0000
17	13	10	0.0004	0.0043	–0.0364	1.0000
18	14	13	0.0009	0.0101	–0.0086	1.0000
19	15	14	0.0018	0.0217	–0.1830	1.0000
20	16	15	0.0009	0.0094	–0.0850	1.0000
21	17	16	0.0007	0.0089	–0.0671	1.0000
22	19	16	0.016	0.0195	–0.1520	1.0000
23	21	16	0.0008	0.0135	–0.1274	1.0000
24	24	16	0.0003	0.0059	–0.0340	1.0000
25	18	17	0.0007	0.0082	–0.0659	1.0000
26	27	17	0.0013	0.0173	–0.1608	1.0000
27	22	21	0.0008	0.0140	–0.1282	1.0000
28	22	10	0.0727	0.1499	0.0000	1.0000
29	23	22	0.0006	0.0096	–0.0923	1.0000
30	24	23	0.0022	0.0350	–0.1805	1.0000
31	26	25	0.0032	0.0323	–0.2565	1.0000
32	27	26	0.0014	0.0147	–0.1198	1.0000
33	28	26	0.0043	0.0474	–0.3901	1.0000
34	29	26	0.0057	0.0625	–0.5145	1.0000
35	29	28	0.0014	0.0151	–0.1245	1.0000
36	12	11	0.0016	0.0435	0.0000	1.0060

续表

支路号	首端节点	末端节点	支路电阻	支路电抗	–对地电纳/2	变压器变比
37	12	13	0.0016	0.0435	0.0000	1.0070
38	6	31	0.0000	0.0250	0.0000	1.0700
39	10	32	0.0000	0.0200	–0.0214	1.0700
40	19	33	0.0007	0.0142	–0.0065	1.0700
41	20	34	0.0009	0.0180	0.0000	1.0090
42	22	35	0.0000	0.1430	0.0000	1.0250
43	23	36	0.0005	0.0272	0.0000	1.0000
44	25	37	0.0006	0.0232	0.0000	1.0250
45	2	30	0.0000	0.0181	0.0000	1.0250
46	29	38	0.0008	0.0156	0.0000	1.0250
47	19	20	0.0007	0.0138	0.0000	1.0600

表 7-8　交流系统节点负荷参数表

负荷号	节点号	有功功率/MW	无功功率/Mvar	负荷号	节点号	有功功率/MW	无功功率/Mvar
1	3	3.2200	0.0240	11	23	2.4750	0.84680
2	4	6.0000	1.8400	12	24	3.0860	–0.9220
3	7	2.3380	0.8400	13	25	2.2400	0.4720
4	8	6.2200	1.7600	14	26	1.3900	0.1700
5	12	0.0850	0.0880	15	27	2.8100	0.7550
6	15	3.2000	1.5300	16	28	2.0600	0.2760
7	16	3.2900	0.3230	17	29	2.8350	0.2690
8	18	1.5800	0.3000	18	31	0.0920	0.0046
9	20	7.8000	1.0300	19	39	11.040	2.5000
10	21	2.7400	1.1500				

换流器 MMC_1、MMC_2 分别连接于原系统节点 4 和节点 14 上，其中 MMC_1、MMC_2 的参数一致，换流变压器阻抗 X=0.150p.u.，换流器内部损耗和换流变压器损耗的等效电阻 R=0.006p.u.，直流电阻 R_d=0.03p.u.，直流电感 l_d=0.0002p.u.，直流电容 C_d=0.04p.u.。

发电机模型采用经典二阶模型，负荷采用恒阻抗模型代替。

7.5　修改后的 IEEE-57 节点系统

修改后的 IEEE-57 节点系统如图 7-5 所示。

换流器 MMC_1、MMC_2、MMC_3 的连接由下述方案设定。

（1）两端系统：MMC_1、MMC_2 分别连接于原系统节点 56 和节点 57 上。

（2）三端系统：MMC_1、MMC_2、MMC_3 分别连接于原系统节点 56、57 和节点 41 上。

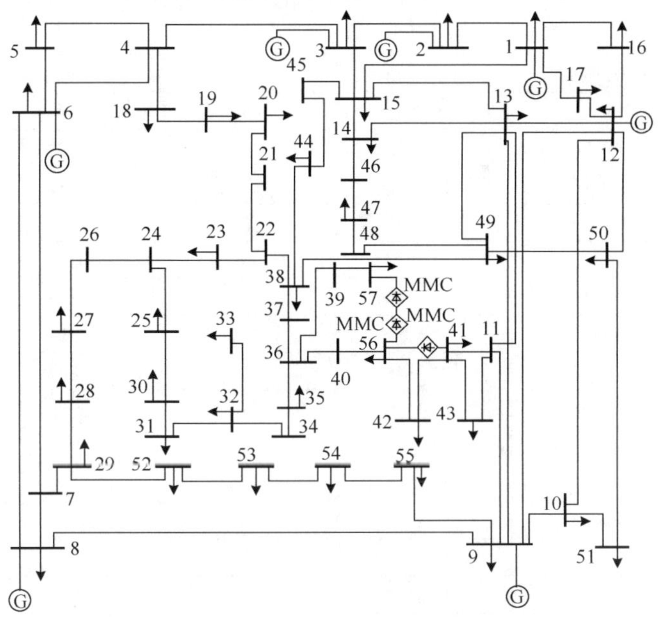

图 7-5　经过修改的 IEEE-57 节点交直流混合系统

MMC_1、MMC_2、MMC_3 的参数一致，换流变压器阻抗 X=0.150p.u.，换流器内部损耗和换流变压器损耗的等效电阻 R=0.006p.u.，直流电阻 R_d=0.03p.u.。

表 7-9 为纯交流 IEEE-57 节点系统的潮流结果。

表 7-9　纯交流 IEEE-57 节点系统的潮流结果

节点号	电压幅值	电压相角	节点号	电压幅值	电压相角
1	1.04	0	16	1.0134	−8.8589
2	1.0100	−1.1882	17	1.0175	−6.3959
3	0.9850	−6.9881	18	1.0007	−11.7296
4	0.9808	−7.3374	19	0.9702	−13.2265
5	0.9765	−8.5464	20	0.9638	−13.4443
6	0.9800	−8.6741	21	1.0085	−12.9290
7	0.9842	−7.6014	22	1.0097	−12.8743
8	1.0050	−4.4779	23	1.0083	−12.9396
9	0.9800	−9.5847	24	0.9992	−13.2921
10	0.9862	−11.4496	25	0.9825	−18.1732
11	0.9740	−10.1932	26	0.9588	−12.9813
12	1.0150	−10.4712	27	0.9815	−11.5136
13	0.9789	−9.8035	28	0.9967	−10.4816
14	0.9702	−9.3503	29	1.0102	−9.7718
15	0.9880	−11.7296	30	0.9627	−18.7196

续表

节点号	电压幅值	电压相角	节点号	电压幅值	电压相角
31	0.9359	−19.3837	45	1.0360	−9.2701
32	0.9499	−18.5123	46	1.0598	−11.1161
33	0.9476	−18.5520	47	1.0333	−12.5116
34	0.9592	−14.1490	48	1.0274	−12.6107
35	0.9662	−13.9062	49	1.0362	−12.9361
36	0.9758	−13.6348	50	1.0233	−13.4127
37	0.9849	−13.4459	51	1.0523	−12.5334
38	1.0128	−12.7346	52	0.9804	−11.4975
39	0.9828	−13.4910	53	0.9709	−12.2526
40	0.9728	−13.6582	54	0.9963	−11.7096
41	0.9962	−14.0767	55	1.0308	−10.8011
42	0.9665	−16.5328	56	0.9684	−17.0651
43	1.0096	−11.3544	57	0.9648	−17.5837
44	1.0168	−11.8565			

7.6 修改后的 IEEE-118 节点系统

修改后的 IEEE-118 节点系统如图 7-6 所示（部分）。

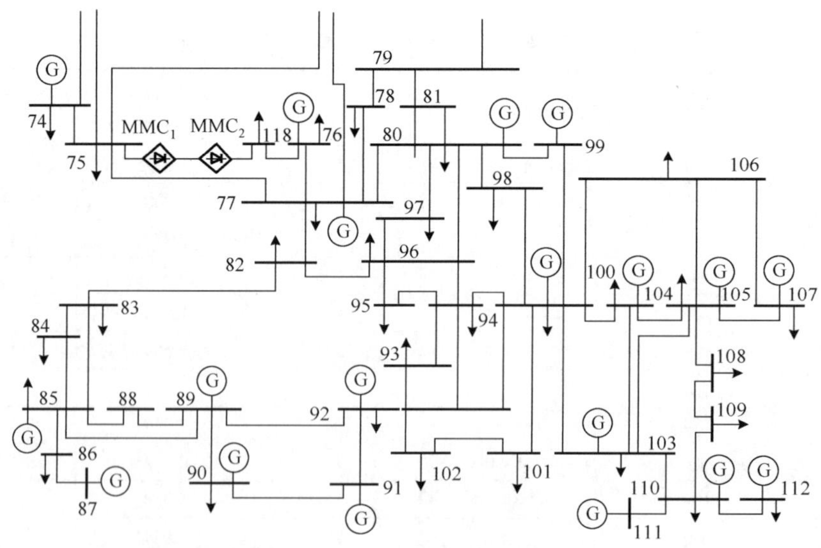

图 7-6　经过修改的 IEEE-118 节点交直流混合系统（部分）

换流器 MMC_1、MMC_2 分别连接于原系统节点 75 和节点 118 上，其中 MMC_1、

MMC_2的参数一致，换流变压器阻抗 X=0.150p.u.，换流器内部损耗和换流变压器损耗的等效电阻 R=0.006p.u.，直流电阻 R_d=0.03p.u.。

参 考 文 献

[1] Power systems test case archive. http://www.ee.washington.edu/research/pstca/.

[2] 张伯明, 陈寿孙, 严正. 高等电力网络分析. 北京：清华大学出版社, 2007.